山西关隘画册

（钢笔画）

白星辰　白汝　白洞　绘编

群言出版社
QUNYAN PRESS
· 北 京 ·

图书在版编目（CIP）数据

山西关隘画册：钢笔画 / 白星辰，白洞，白汝，绘编. --北京：群言出版社，2024.1
ISBN 978-7-5193-0842-1

Ⅰ. ①山… Ⅱ. ①白… ②白… ③白… Ⅲ. ①建筑画—钢笔画—作品集—中国—现代 Ⅳ. ①TU204.132

中国国家版本馆CIP数据核字(2023)第082159号

责任编辑： 陈　芳
封面设计： 水岸风

出版发行： 群言出版社
地　　址： 北京市东城区东厂胡同北巷1号（100006）
网　　址： www.qypublish.com（官网书城）
电子信箱： qunyancbs@126.com
联系电话： 010-65267783　65263836
法律顾问： 北京法政安邦律师事务所
经　　销： 全国新华书店

印　　刷： 天津画中画印刷有限公司
版　　次： 2024年1月第1版
印　　次： 2024年1月第1次印刷
开　　本： 889mm×1194mm　1/16
印　　张： 16
字　　数： 210千字
书　　号： ISBN 978-7-5193-0842-1
定　　价： 78.00元

写在前面的话

山西的地理位置自古以来就比较独特。历史上的古都大都在山西周围，如东北方的北京，西南面的西安，南面的洛阳，东南方的开封，山西还与邯郸、临漳、许昌这些曾建过都的城市为临。因此，山西一直处于“近畿临边”的重要位置。今天的山西东邻华北平原，西跨黄土高原，南接中原腹地，北依塞外草原，与内蒙古、河北、河南、陕西四省为界，依旧是重要的过度枢纽区。

山西省的轮廓线像一片美丽树叶，叶片上群山峻岭，河流交错，由北向南的汾河更是构成显明的叶脉。山西素有“表里山河”的美称，东部太行山，西部吕梁山，两山夹一川，汾河在中间。

除了山水风光美景的一面，山西毕竟多山，势必具有军事战略地位。西部的吕梁山，和黄河形成双重屏障，中部谷地由北向南形成忻定盆地、太原盆地、临汾盆地、运城盆地，该区域是山西的主要经济发展区域，也是一条南北走廊。北部的恒山、南面的中条山，像两扇门上下迂回包裹，南面唯一缺口有黄河天堑，这使得山西地域封闭，易守难攻，进来出去都不容易。

自秦始皇统一六国至明朝近两千年来，山西北部一直是“极临边境”的边疆，是与匈奴、蒙古、契丹等少数民族连接的地方，修建有内外两道长城，长城边墙据山负险，分布着数十个要塞险隘，构成坚固的军事体系，“天设重险以藩为固”。古代北方游牧民族与汉人王朝对峙，位于恒山之中的雁门关就是至关重要的军事要塞，雁门关一旦失守，游牧民族便可沿内部走廊南下直逼关中长安，亦可向东通过太行八陉至华北平原，南下开封、洛阳。山西内部走廊是见证历代王朝兴旺的生命大通道。山西的地形和地理位置对于汉人王朝的政权稳固是多么重要。人常说“得中原者，得天下”。如果没有山西的防御庇护，政权也不会稳固，随时可能被取而代之。从晋开始到南宋灭亡，山西之地一直都是汉人王朝兴起和衰落终结的关键之地。北抗草原，东控华北，南下关中。进可攻，退可守，山西以居高临下之势俯视整个中原大地。

可见，山西历来是兵家必争之地。春秋战国时期秦与赵的长平之战、韩信攻赵在井陉以少胜多的“背水一战”、汉高祖在马铺山（白登山）被匈奴围困七天七夜、汉武帝对匈奴马邑之围……都发生在山西。在抗日战争中，平型关大捷、百团大战等战役驰名中外。

山西是华夏文明的发祥地之一，同时也守护了华夏文明。山西的关隘主要分布在省四境，东和东南依山，西和西南循河，北沿长城。东部关隘对峙，西部关陉星布，北部关塞载列。

通过对山西境内关隘资料的收集和阅读，我们可以认识到关隘重要的军事价值，守卫疆域不受外来侵扰，保护安宁的劳动生活环境不受破坏。同时关隘也是商业交通的门户和枢纽，是商帮驼队的必经之路；关隘还是民族民间交往、冲突融合的见证，山西是北方游牧民族及其草原文化和中原汉民族及其农耕文化沟通融合的纽带和桥梁。

历史沧桑，时代更替，随着社会的发展，环境的变迁，历史的远去，一些关隘过去的辉煌已被时光淘尽，失去了昔日的雄风。但关隘所形成的历史沉淀和丰富的人文内涵，给后人留下了宝贵的遗产。每个关隘都有着自己的地域特征、地质地貌，建筑风格各不相同，蕴含着其在各个历史时期的政治、经济、军事、文化方面的丰富内容。许多关隘的古迹遗存、历史风貌已被破坏，所剩的是残垣断壁甚至荡然无存。但它忠实记录着时光往事，岁月风霜，令人回味感悟。关隘文化是中华文化的重要内容，也是晋文化中极重要的内容。

我们阅读了王怀中、马书岐编著的《山西关隘大全》一书。该书全面系统地介绍了山西关隘和关隘文化，它强大的感染力，激励着我们，作为山西人有责任把这一宝贵的历史文化遗产和担当精神传播出去并发扬光大。我们萌发了用绘画描绘山西关隘的想法。经过几年的努力，把搜集到的山西关隘的照片、图册等临摹成钢笔画的形式，并在相关资料中摘抄了关隘的有关说明。我们虽然在山西学习工作过，但过去对家乡了解甚少，通过这次对山西关隘进行绘画、摘抄说明的过程受到深刻的启迪教育，心灵受到震撼。我们应该为这一方热土骄傲。太行、吕梁精神无比坚强，勇于担当，咆哮的黄河滚滚向前。山西的明天会更加美好！

作　者

2021 年 12 月 30 日 深圳

目　录

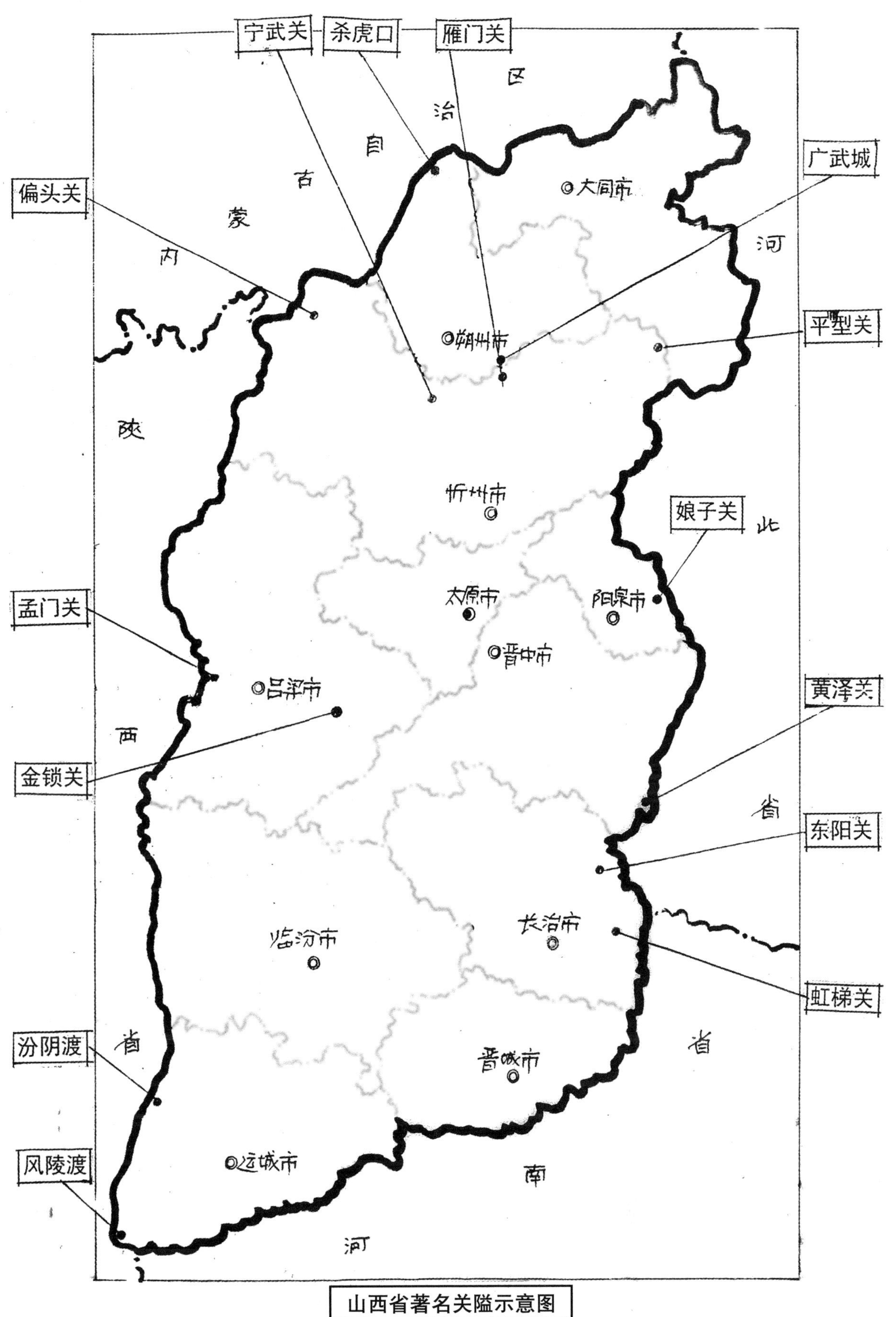
宁武关
杀虎口
雁门关
区
治
自
古
蒙
内
偏头关
大同市
广武城
河
平型关
朔州市
陕
忻州市
娘子关
北
太原市
阳泉市
孟门关
晋中市
吕梁市
西
黄泽关
金锁关
省
东阳关
长治市
临汾市
虹梯关
汾阴渡
省
省
晋城市
风陵渡
运城市
南
河

山西省著名关隘示意图

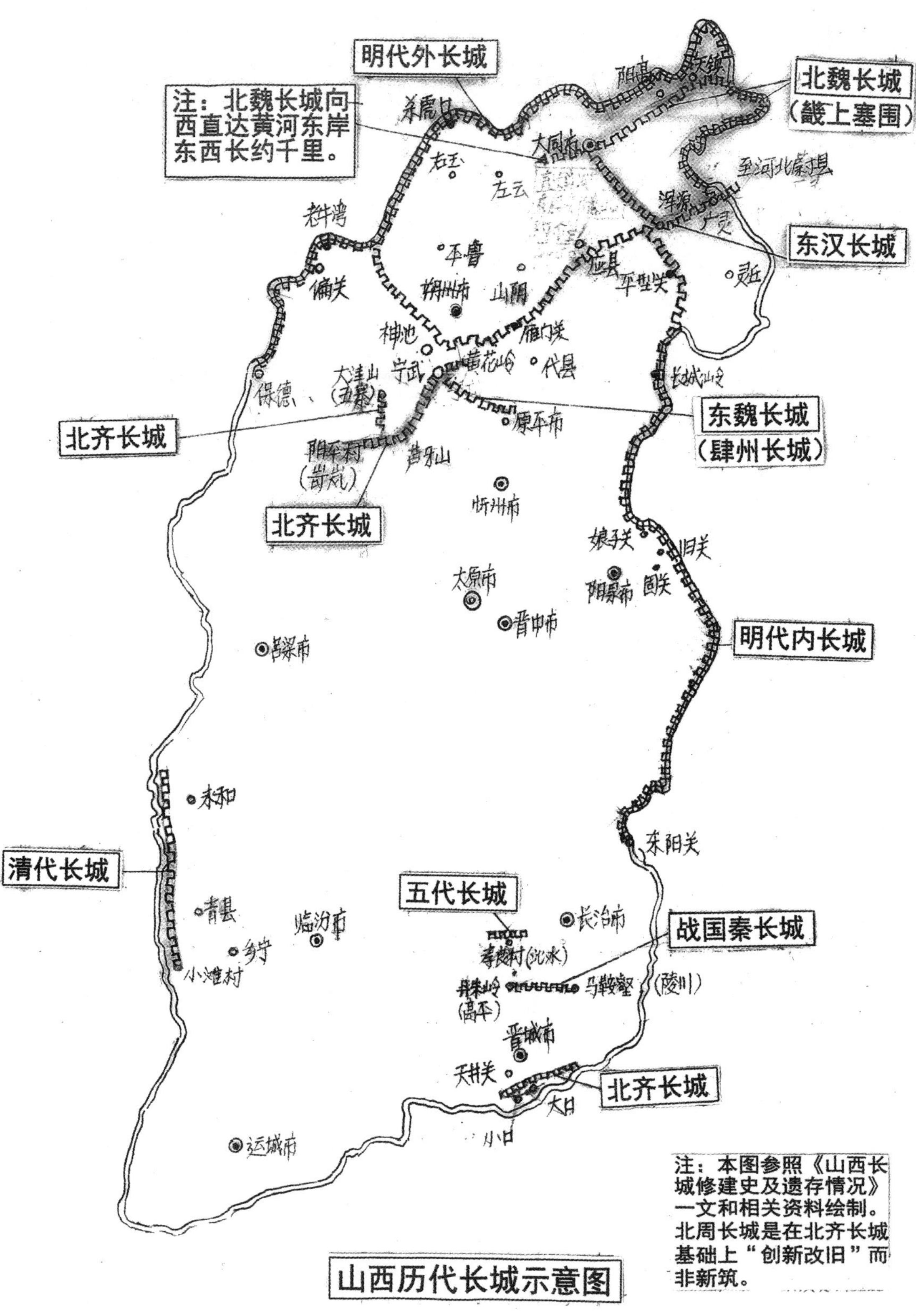

注：本图参照《山西长城修建史及遗存情况》一文和相关资料绘制。北周长城是在北齐长城基础上"创新改旧"而非新筑。

山西历代长城示意图

巍峨的長城
2022.2.16

长 城

长城又称万里长城，是中国古代的军事防御工程。始建于西周时期，秦灭六国统一天下后，秦始皇连接和修缮战国长城，始有万里长城之称。

长城东起山海关西至嘉峪关，主要分布在河北、北京、天津、山西、陕西、甘肃、内蒙古、黑龙江、吉林、辽宁、山东、河南、青海、宁夏、新疆等 15 个省区市。根据调查结果，长城总长超过 2.1 万公里。

长城是第一批全国重点文物保护单位，被列入世界文化遗产，被誉为世界中古七大奇迹之一。古今中外，人们无不惊叹它的磅礴气势，宏伟规模，艰巨工程与防患意义。它融汇了古人的智慧、意志、毅力，是一座稀世珍宝，也是艺术非凡的文物古迹。它象征着中华民族坚不可摧而永存于世的伟大意志和力量。

长城是中华民族的骄傲，也是整个世界的骄傲。

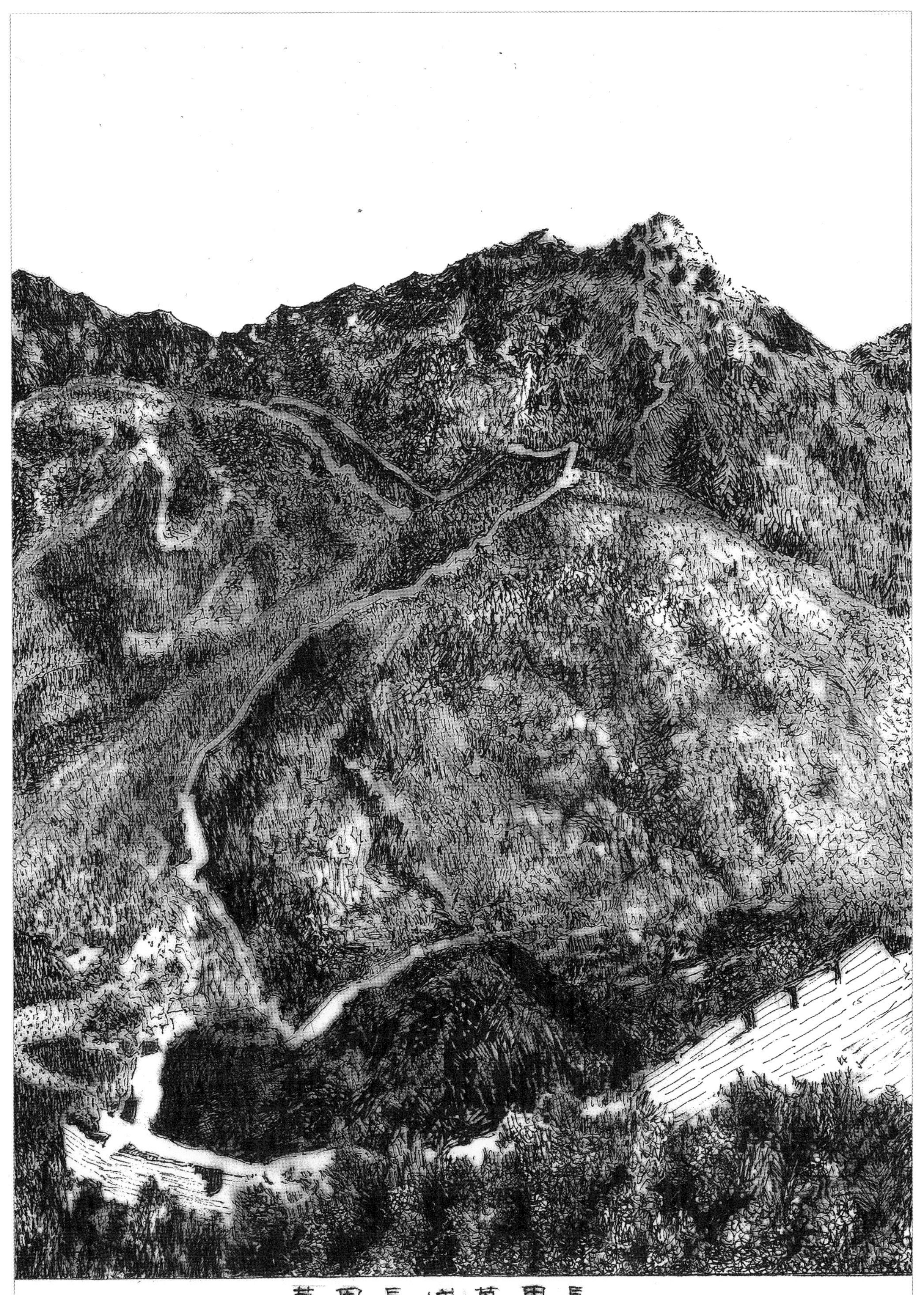

萬里長城萬里長

太行山

太行山，位于山西省与华北平原之间，纵跨北京、河北、山西、河南4省、市，山脉北起北京市西山，向南延伸至河南与山西交界地区的王屋山，西接山西高原，东临华北平原，呈东北－西南走向，在中国版图上像条巨龙蜿蜒八百里，把三个省一个市连接在了一起，也称为中华的脊梁，这里蕴含了秀美风光，纯朴的民风，别具一格的建筑，动人的故事和美丽的传说，最重要是这里有一种精神叫太行精神。

大自然赋予了太行山绝美的风光，春天的花海、夏天的碧河，秋天的红叶、冬季的白雪，四季在不停地更换着容颜，时而鲜艳、时而浓郁，时而斑斓，时而素装无瑕，云层山间绕，忽隐忽现，溪儿脚下走，不喘不惊，绵绵无声。早晨霞光四射，雕刻山崖棱角，中午强光照在山峦上，淡淡的蓝似水彩一般，落日夕阳，金碧辉煌，似天宫金銮，有时它是一首诗，有时是一幅画，让人魂牵梦萦，流连忘返。

巍巍太行山

太行八陉

太行八陉，陉，音 xíng，即山脉中断的地方。太行山中多东西向横谷（陉），著名的有军都陉、蒲阴陉、飞狐陉、井陉、滏口陉、白陉、太行陉、轵关陉等，古称太行八陉，即古代晋冀豫三省穿越太行山相互往来的 8 条咽喉通道，是三省边界的重要军事关隘所在之地。

太行山延袤千里，百岭互连，千峰耸立，万壑沟深。山西的许多条河流切穿太行山。自南而北有：沁河、丹河、漳河、滹沱河、唐河、桑干河等等，于是形成几条穿越太行山的峡谷。

晋郭缘生《述记征》载：太行山首始于河内，自河内北至幽州，凡百岭，连亘十二州之界。有八陉：第一曰轵关陉，今属河南府济源县，在县西十一里；第二太行陉，第三白陉，此两陉今在河内；第四滏口陉，对邺西；第五井陉；第六飞狐陉，一名望都关；第七蒲阴陉，此三陉在中山；第八军都陉，在幽州。

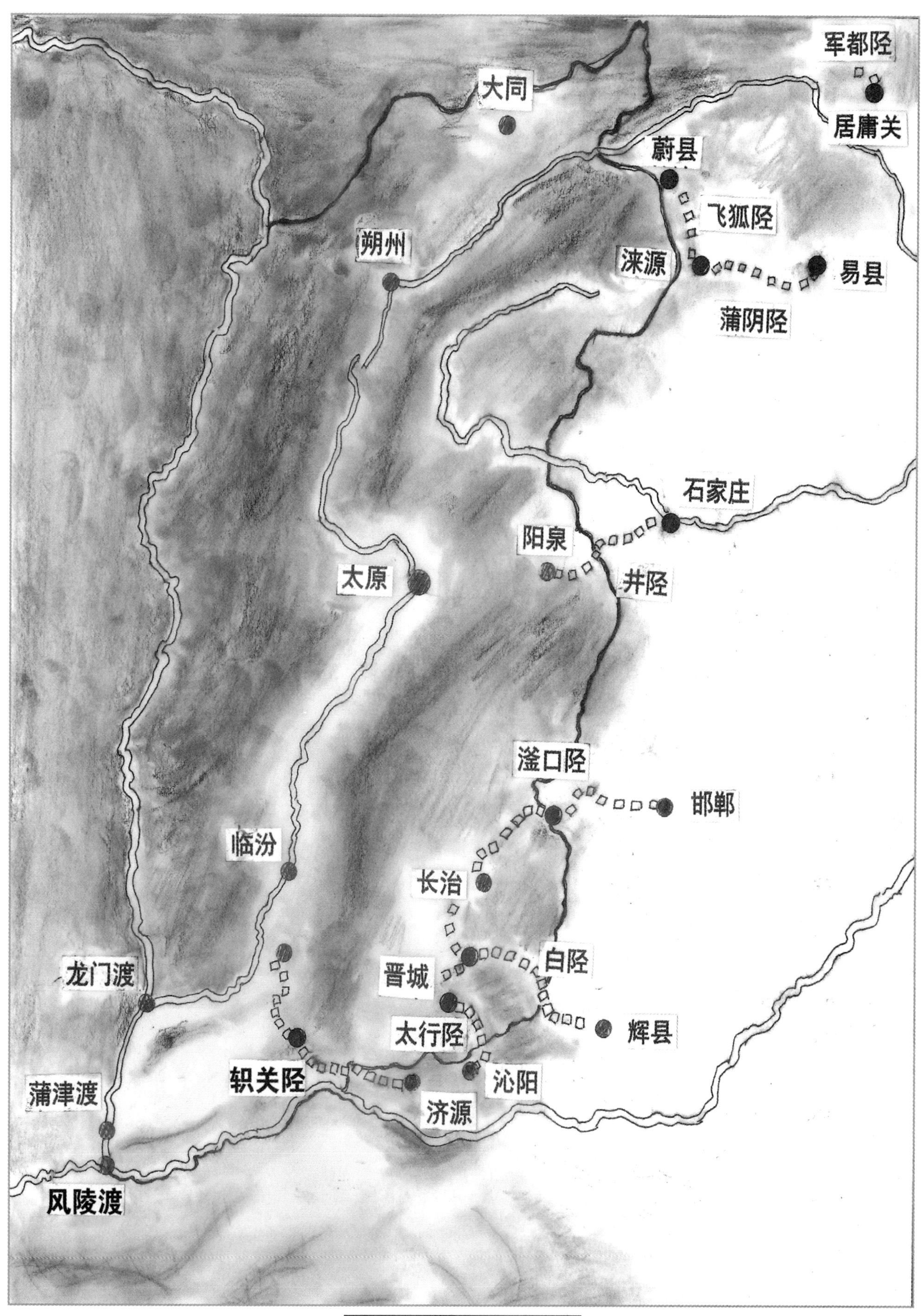
军都陉
大同
居庸关
蔚县
飞狐陉
朔州
涞源
易县
蒲阴陉
石家庄
阳泉
太原
井陉
滏口陉
邯郸
临汾
长治
白陉
龙门渡
晋城
太行陉
辉县
轵关陉
沁阳
蒲津渡
济源
风陵渡

太行八陉分布图

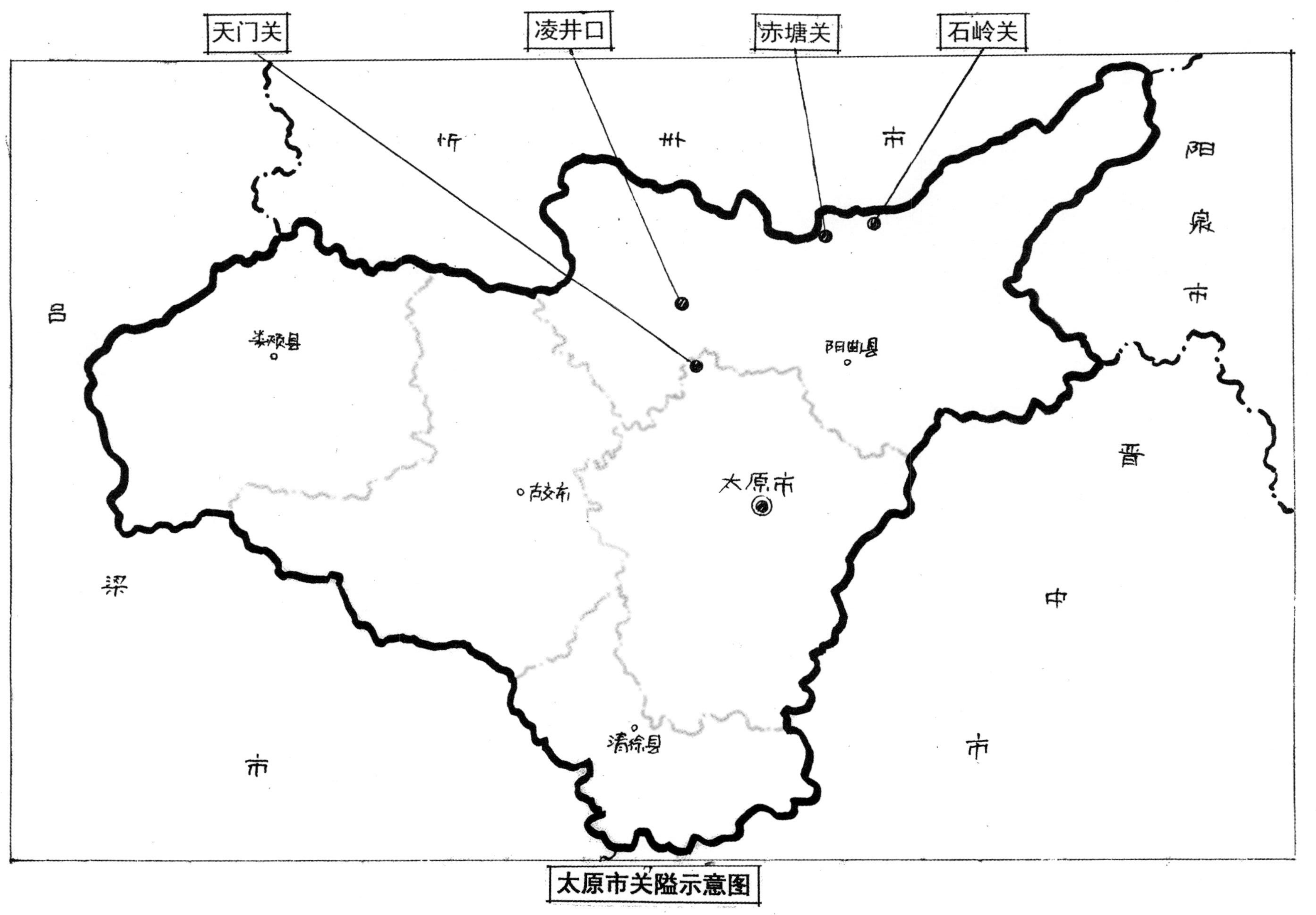

太原市关隘示意图

太原永祚寺

太原市

2021.10.3.

太原老城门（首义门）

首义门源自承恩门。承恩门是明初为扩太原城时修筑的两座南门之一，民间将迎泽门称为大南门，而将承恩门称为新南门，但这座城门长年封闭，直到 1907 年正太铁路竣工之后，因为太原火车站建在新南门外，封闭了数百年的大门才重新被打开，由巡缉队一个排的警察守卫。1911 年 10 月 29 日山西新军第 85 标第一营、第二营千余名官兵在姚以价的带领下在狄村军营誓师起义讨伐腐朽专制的清王朝，为后来的革命活动做出了一定的贡献。辛亥革命胜利后，承恩门改名为首义门。解放战争期间，首义门在炮火中受到损伤，新中国成立初年被拆除，原址改造成为五一广场。

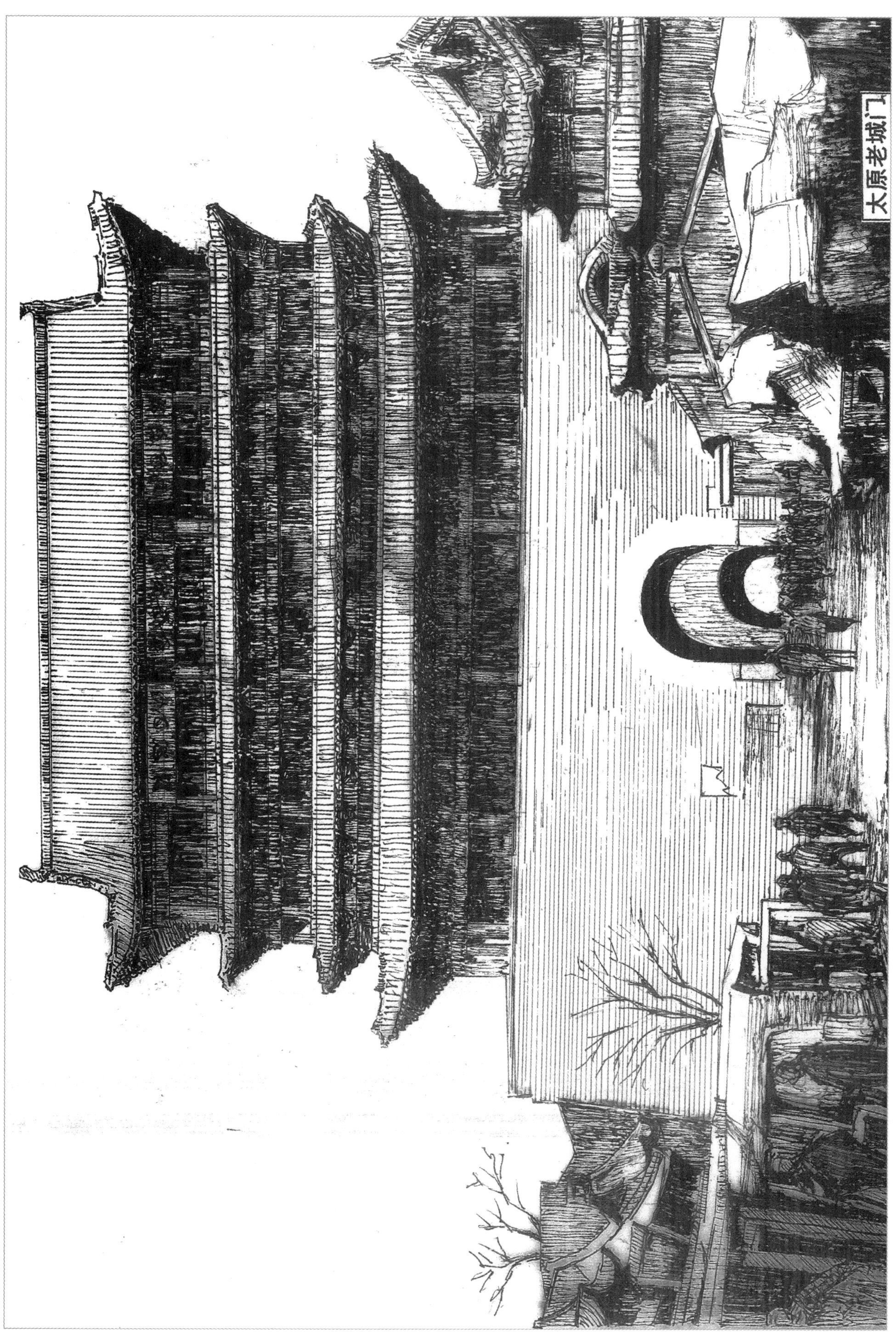
太原老城门

天门关

故址在今太原市尖草坪区与阳曲县交界处西关口村北 0.5 公里处。因“二山会合如门，在县之前方，故曰天门”。唐置关，宋设戍兵，金置酒官，明设巡检司。旧为太原通往静乐、宁武等晋西北各县的古道咽喉。明崇祯十六年（1643）关内筑全民堡。关凭涧设阻，依山筑障、山势陡峭。“怪石斜飞全欲坠，野花樛挂暗来熏”。冬雪经久不化，“天门积雪”旧为阳曲外八景之一。

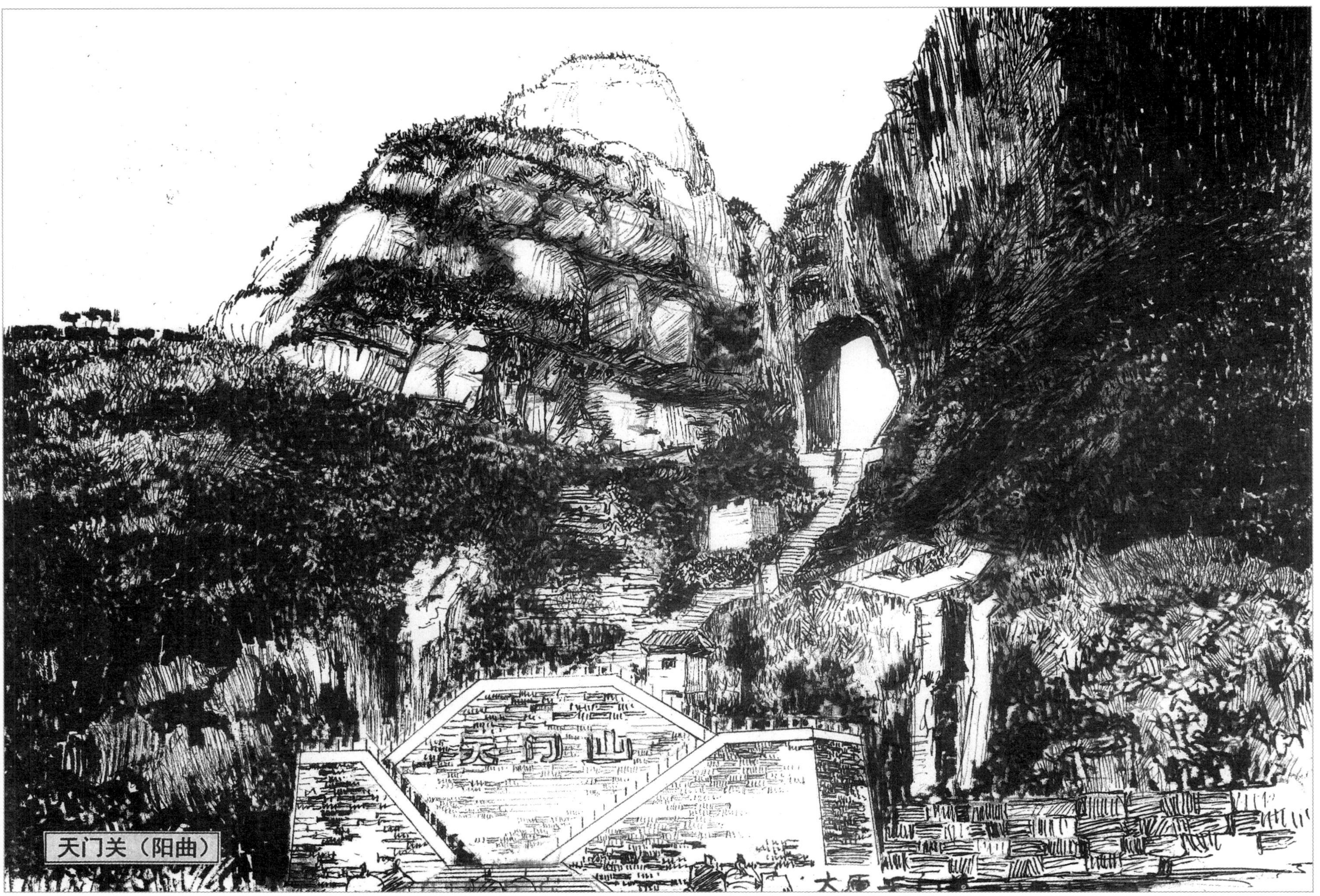

天门关（阳曲）

石岭关

位于阳曲县大盂镇上原村北 1 公里处，古称“白皮关”、“石岭镇”。东靠小五台，西连官帽山。山势峻险，关隘雄壮，古为太原通往代、云、宁、朔的交通要冲。唐置关，金置酒官，明设巡检司，清因之。金宣宗兴定二年（1218）秋八月，蒙古军攻占山西全境，元好问他乡流落，避乱登封。面对颠沛流离，白发催人，诗人梦绕乡关，情思绵绵，写下了著名的《秋怀》:“何时石岭关头路，一望家山眼暂明。”表达了诗人思念故乡，泪眼迷蒙的热切心情。石岭关旧时筑有关城，今大部已毁，仅中门尚存，名曰“耀德”，系万历二十四年（1596）所建。

石岭关（阳曲）
2018.12.28.

赤塘关

故址在今阳曲县高村乡河庄村，因刘赤塘曾在此隐居得名，又名“河庄关”。唐置关，宋因之，金置酒官，东去16公里为石岭关，中有官帽连接，使两关呈“犄角之势”，军事地位至关重要，无论南攻北，还是北攻南，胜可速进，败可互应，堪称攻守兼得的重要关隘。赤塘关在1932年修建同蒲铁路时，关址被掘平。赤塘关关东有羊驮寺山，关西有梁鸿山，赤塘关位于两山的山涧之间，实为咽喉要道。

赤塘關(西曲)

凌井口

在今阳曲县西凌井乡村入口处，又名晋王岭、乾烛谷。宋置关，凌井口南起天门关口，北至西凌井村南，西为凌井山，东为天门山，全长 15 公里。两山对峙，怪石嶙峋，沟长而窄，山高而险。明崇祯十二年（1639）筑安民堡于口内。谷的东侧崖间，旧有栈道一条，俗呼“羊肠坂”，又名杨广道，是隋炀帝杨广做晋王时所筑。当年他由此栈道北出巡游所经之“天栈”、“好汉坡”等栈道险段，至今仍寻觅可见。在沟的东侧半山腰中，有通往西凌井、西庄、北小店乡二级公路。

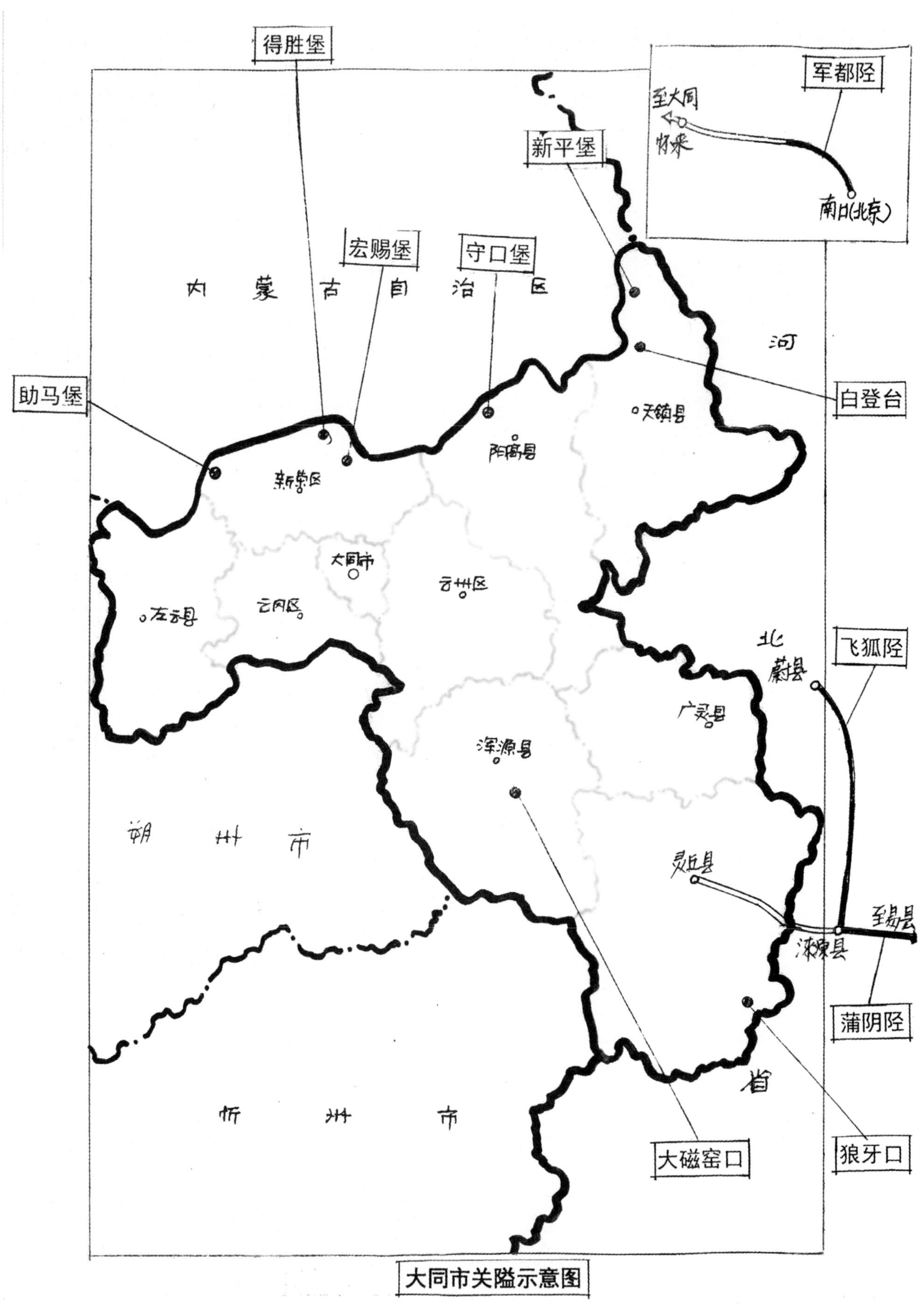
得胜堡
新平堡
军都陉
至大同
怀来
南口(北京)
宏赐堡
守口堡
内蒙古自治区
河
白登台
助马堡
天镇县
阳高县
新荣区
大同市
云州区
左云县
云冈区
北
蔚县
飞狐陉
广灵县
浑源县
朔州市
灵丘县
涞源县
易县
蒲阴陉
省
忻州市
大磁窑口
狼牙口

大同市关隘示意图

云冈石窟

大同市

2021.10.2.

得胜堡（得胜口）

故址在今大同市北得胜堡村，与内蒙古丰镇交界。明置关，建于明长城之南，沿长城东西还有镇羌堡、四城堡、得胜口。月城四堡连环组成，四堡之间相距很近，形成一个堡群。得胜堡是指挥中枢，其墙体高高耸起，墙台密集，全长 630 丈长的城墙上共建有 18 座体型硕大的墙台，每隔 110 米就建一座。其北 1 公里左右为明长城，俗称“边墙”。边墙与蒙古高原沟通的关口即得胜口，得胜口外建有月城。

明时，得胜堡为北东路参将驻地，辖得胜、镇羌、宏赐、镇川、镇边、镇远、镇河、拒墙等八堡，为大同“直北之极边，而镇城之外郊也，堡西即镇羌堡，为唇齿之势”。堡南宏赐堡，明时曾“屡为寇冲，备御最切”。明隆庆年间随着边疆的安定，边墙内外民族关系趋于缓和，得胜堡开设为马市，用作交易马匹的场所。通过此市场，中原地区的丝绸、茶叶、粮食等货物可运往西北等少数民族地区；少数民族地区及蒙古族的牛、羊、马、皮毛等货物又可以输入中原内地。深沟高垒的严阵以待与马来茶往的繁忙交易共同构成了一种和平场景。

得胜堡现今城堡夯土墙已大多不存，仅南关内砖砌拱券尚好，关门洞外还有十分精美的砖雕图案。关门内外各有一匾，分别书有“得胜”、“保障”。门洞内东西各嵌有石碑一块。

大同得胜堡 2019.11.21.

宏赐堡

故址在今大同市东北宏赐堡村，又名红寺堡。明嘉靖十八年（1539）筑，与镇边堡、镇川堡、镇鲁堡、镇河堡并称为“边墙五堡”。宏赐堡东至镇川堡25华里，西距镇鲁堡25华里，俗语“堡离堡二十五”之说。北对葫芦海，南至孤山，堡高、厚各两丈五尺，周三里有奇。宏赐堡是五堡中心，明嘉靖年间于宏赐堡设参将，立把总四员，其余四堡各立把总一员，于西北一带深挑壕堑一道，壕深一丈三尺，垒土为墙。沿壕筑墩台，各设旗官哨守。宏赐堡东南十余里处有山名平山，五堡俱在目中，凡标号召传，合散呼斥，远近皆可毕见。其上建置一座小堡，名曰“会远”，中设公馆以为发兵之地，立有墩台，有兵戍守。边墙五堡对抵御蒙古俺达侵犯、保卫大同起了很大作用。明大同总督翁万达在《乞录毛伯温疏》中说：“五堡为云中腹背之地，北逼沙漠，南翼镇城，东亘阳和，西连左卫。”又曰：“三面开耕，一面御敌。”不仅是战略要地，也是屯田的理想场所。

助马堡（助马口）

故址在今大同市新荣区西北助马堡村，又称助马口。助马堡与明长城同时修筑，嘉靖年间，大同总兵周尚文以助马堡为中心，又修筑了灭鲁、破鲁、威鲁、靖鲁等五堡。招募当地百姓为军垦地。助马堡为西北路参将驻地，辖助马、拒门、灭鲁、威鲁、宁鲁、镇鲁、保安、云西、云冈等9堡。明“隆庆议和”之后，开边互市，助马堡也为马市之一。清雍正七年（1729），设巡检司。

2021.2.22

守口堡

故址在今阳高县北，明长城之下，分前后两口，前口又称阳和前口，后口亦称高柳塞、青陂，明置关。守口位于云门山与阳门山之间，东西绵延，山体陡峭，最高海拔 2118 米，最低海拔 1300 米，属阴山余脉。明嘉靖二十五年（1546），总督翁万达认为：“大同、阳和以西，至山西丫角山，凿堑添墩，少有次第。然阳和开山口以东，原未设险，据守不便。其小、大鹁鸽峪，铁裹门，水峪，瓦窑等口旧为断塞山口，小阻零抄。若遇猖獗必难止冲。”于是奏请筑守口、新平（在天镇县）诸堡。并至阳河山口起，到宣府西阳河镇台止，筑城垣九十五里有奇，敌台一百五十四。隆庆六年（1572）增修守口堡，周一里有奇。守口堡北至边 500 米有铁裹门，门西为小鹁鸽峪口，门东为大鹁鸽峪口。守口堡东北的黑水河东侧有猴儿山，山势险要，上有风洞。明长城到此无法连贯，因被称为“闪断边（边墙）”之地。与猴儿山相对的是虎儿山，在守口堡村西北。两山相峙，使守口堡成天然险关。明隆庆初年，蒙古军队曾从此入，全镇告急，蒙汉议和后徙市于此。

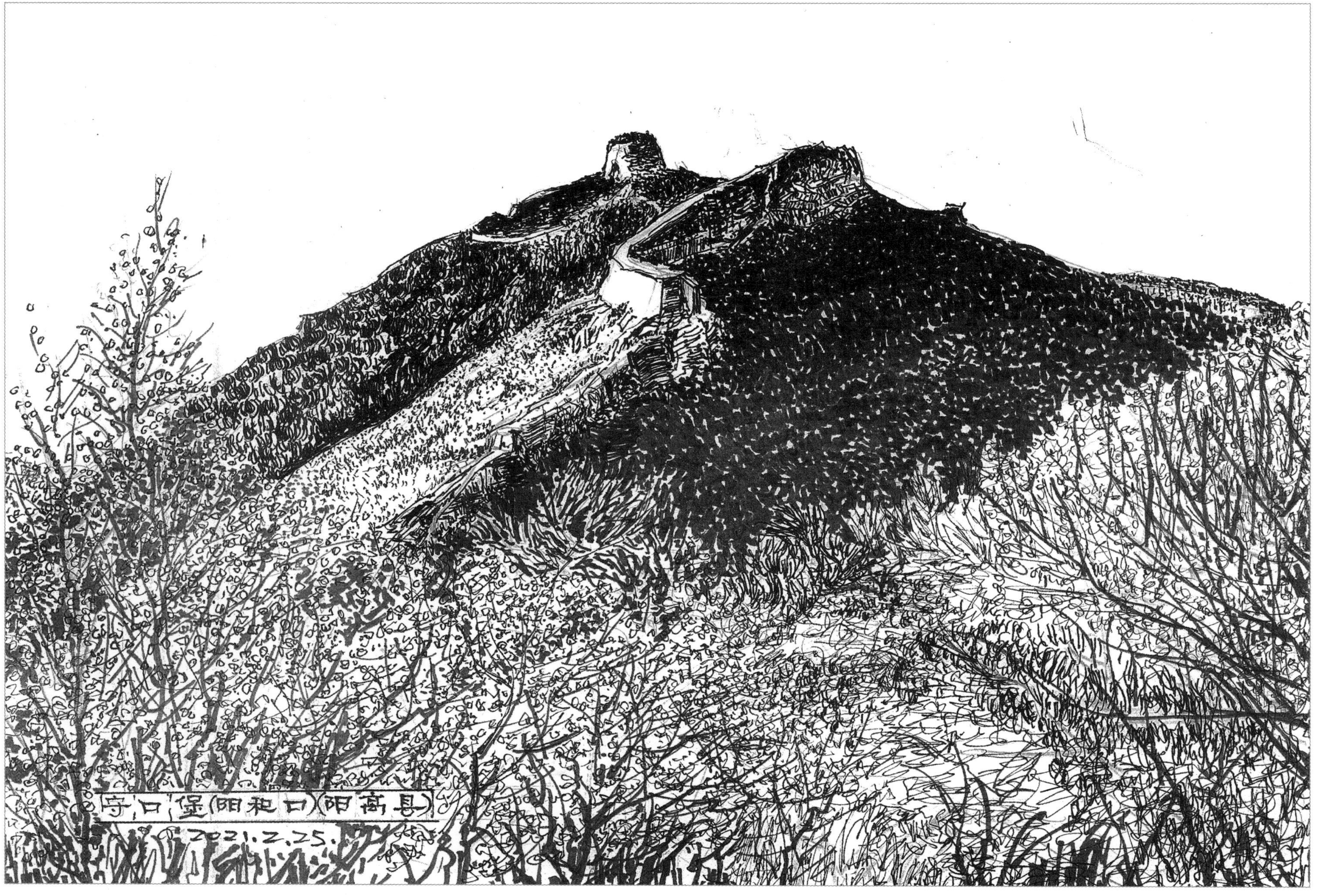
守口堡(阳和口)(阳高县)
2021.2.25.

新平堡（马市口）

故址在今天镇县东北 30 公里新平堡镇，明嘉靖年间置关。因隆庆年间在此设市，故又名马市口，清称西洋河水口。西洋河，古称延乡水，发源于内蒙古自治区兴和县西侧村的王弗山，由西向东从天镇县新平堡西马市口入山西境内。

新平堡，明嘉靖二十五年（1546）置，隆庆六年（1572）增修，周三里有奇。分边十八里，内水泉儿沟、榆林川为极冲。边外小石城，榆林旧县俱驻牧。堡建山后，东接宣府西洋河，南接瓦窑沟、天成卫。嘉靖中，屡为寇冲。归款后，设市口于此，亦要地也。

新平堡镇(天镇县)
2021.2.19.

白登台

白登台在大同市东 9 公里，又名白登山。因与阳高县白登山区别，也称小白登。与野狐岭构成大同北部门户。京包铁路从此通过。西汉时为边塞重地要关。这里曾发生过多次战争，最著名的是汉与匈奴白登之战。

汉高祖七年（前 200），刘邦统领 32 万军队北伐，被匈奴冒顿单于 40 万骑兵重重包围于白登山，相持 7 日，汉高祖刘邦差点被生俘，形势十分危险。谋士陈平设计，以美人图反间冒顿阏氏，才得脱险。战后，汉朝和匈奴采取了“和亲”的办法，相互往来使边境得以安宁。

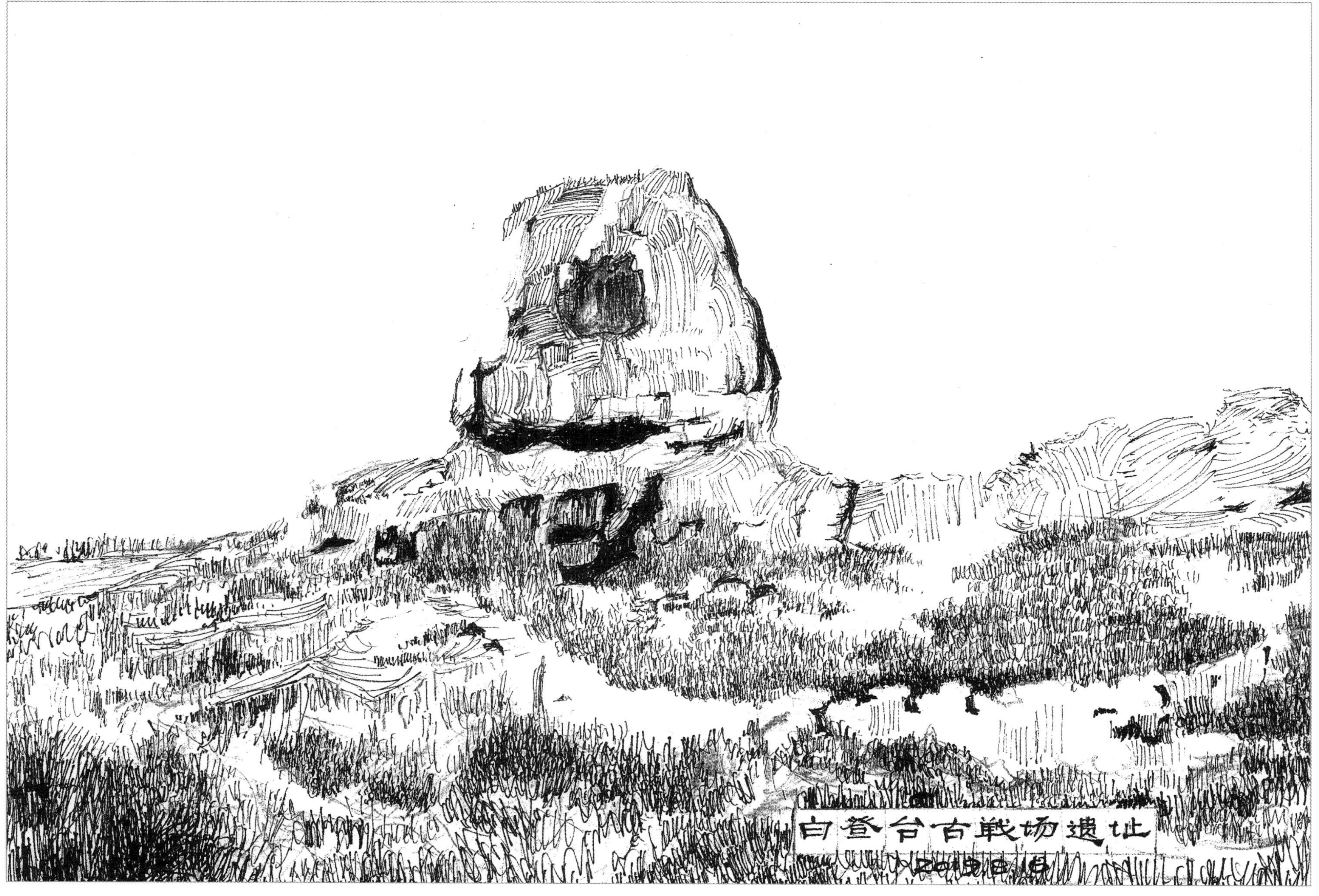
白登台古戰场遺址

大磁窑口

大磁窑口在浑源县南7.5公里磁窑口乡，又名大磁窑关、磁峡口、磁窑峡。自唐代起，这里就盛产磁器，故名。近处多古窑址。明置关，洪武九年（1376）筑堡设巡检司。磁窑峡口双峰对峙。两崖直立如削，险势危陉，咽喉要道，是北岳门户。据说是北魏道武帝拓跋珪为了用兵燕越，发卒万人开凿的。关东南沿峡可达平型关，西南直通雁门关，正南可抵佛教圣地五台山。恒山难越屏蔽中原，只有磁窑峡可通，成为中雁与塞漠的咽喉要道，明代诗人李梦阳所说的“恒山千古是金汤”。

大磁窑口（莲源）

狼牙口

狼牙口在灵丘县狼牙沟乡龙须台村和河北省涞源县狼牙口村交界处，在海拔 1716 米的狼牙山西南。明代设兵戍守，为两山相夹，南北通道，明代长城大都保存较好。有石砌卷门，门洞内外各嵌一方石匾。外侧为阴刻“狼牙口”三字，内侧为“狼牙险道”，匾头题有“钦差整饬井陉等兵备兼理马政驿传，山西提刑按察司副使乔严”，匾尾“万历十三年岁次乙酉中秋吉旦立”，狼牙口南侧有一座较好的敌楼，楼门额嵌有石匾，刻有“茨字贰号台”。

狼牙口(灵丘)

军都陉（太行八陉第八陉）

军都陉，太行八陉第八陉。在今北京市昌平区西北之居庸山。此陉是古代出燕入晋北去塞外的咽喉之路。军都陉有关曰居庸关，因其在居庸山中而得名。又称军都关。其地层峦叠嶂，形势雄伟，悬崖夹峙，巨涧中流，奇险天开，自古为兵家必争之地，见证了诸多王朝的兴衰。这里流传着中国最早的大型战争——阪泉之战的传说，阪泉之战是中华民族远祖炎黄二帝最著名的一次战役。《史记》开篇《五帝本纪》记载:“轩辕（黄帝）与炎帝战于阪泉之野，三战，然后得其志。”这次战役使黄帝取代炎帝，成为了当时华夏诸部落的首领，其对中华民族的最终形成具有极为重要的意义。

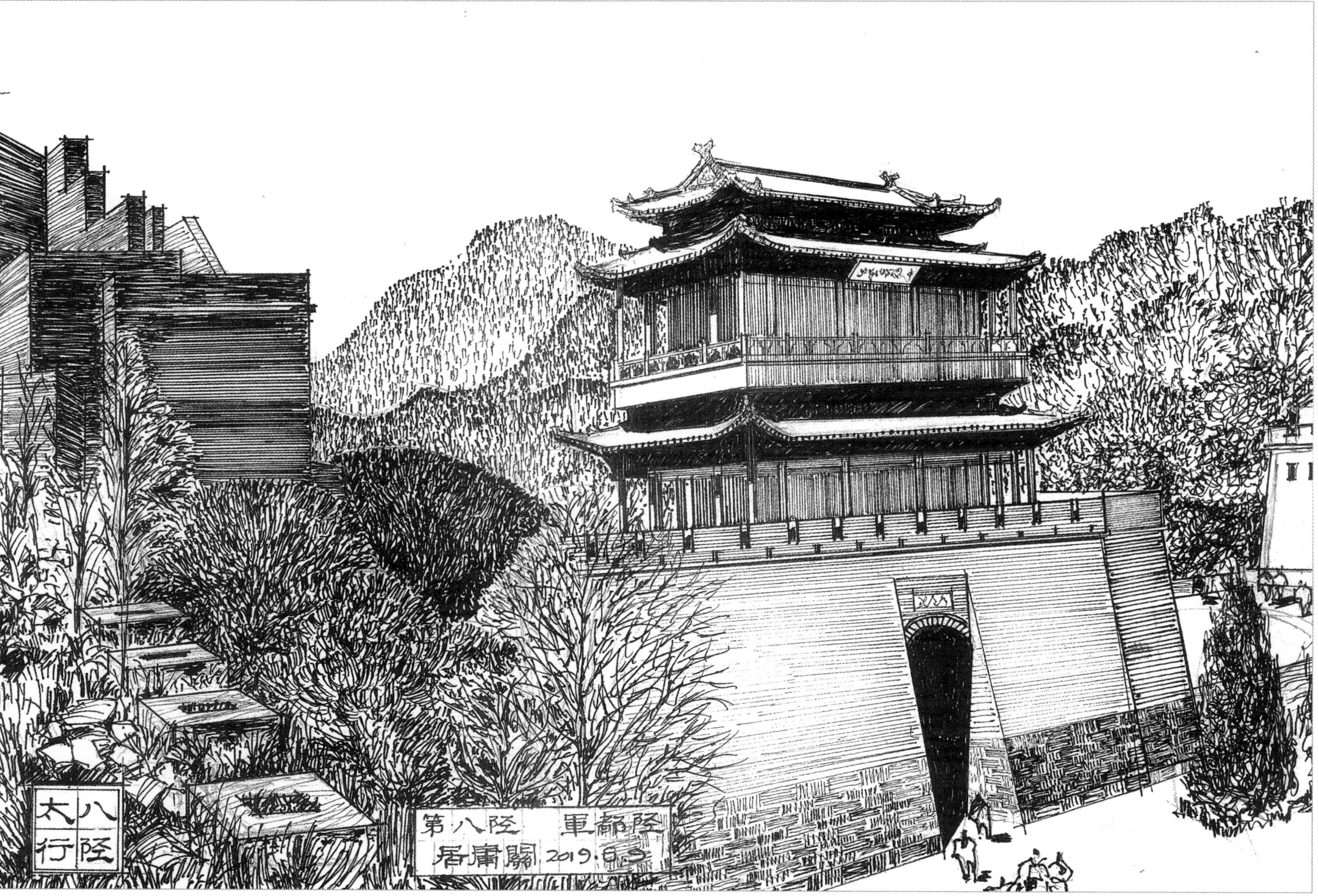
太行八陉
第八陉 軍都陉
居庸關 2019.8.3

蒲阴陉（太行八陉第七陉）

蒲阴陉，太行八陉第七陉。在今河北省易县西紫荆岭上。山岭有紫荆关，与山海关、嘉峪关并称历史最悠久的名关之一，在涞源与飞狐陉衔接。其地峰峦峭峙，仄径内通，是山西大同与河北交通的军事要隘。公元1449年，蒲阴陉成了风云之地，瓦剌军出兵三路攻明，于土木堡俘明英宗朱祁镇，之后瓦剌借英宗要挟明廷。明朝便立英宗之弟祁钰为帝。后瓦剌挟持英宗攻明，前锋抵达紫荆关，遭守关明军抵抗。瓦剌军在关前与明军对峙时，出奇兵翻越紫荆岭，从关南拆毁边墙而入，明军腹背受敌，紫荆关失守，瓦剌大军便从紫荆关直逼北京城，引发了中国历史上著名的“北京保卫战”。

太行八陉
第七陉 蒲阴陉
紫荆關 2019.7.10

飞狐陉（太行八陉第六陉）

飞狐陉，太行八陉第六陉。也称飞狐口，飞狐道。该陉位于今河北省涞源县北和蔚县之南，它是晋东北进出冀北、北京之要道。古人云:“踞飞狐，扼吭拊背，进逼幽、燕，最胜之地也。”飞狐陉有着“天下险”之称:头顶一线青天，最宽的地方八米多，而最窄的地方只有两三米。据史书记载，东汉刘秀称帝以后，第一时间便让手下大将杜茂、王霸扼守飞狐口并在黑石岭修筑亭障和烽火台。也就是自那时起，黑石岭成了历朝历代重兵把守之地。值得一提的是，刘秀一路东征冀州群雄，直到拿下代上谷，一举控制了飞狐口之后，才宣布登基。飞狐陉在军事上的地位由此可见一斑。

太行八陉
第六陉 飞狐陉
黑石岭堡(飞狐关遗址)

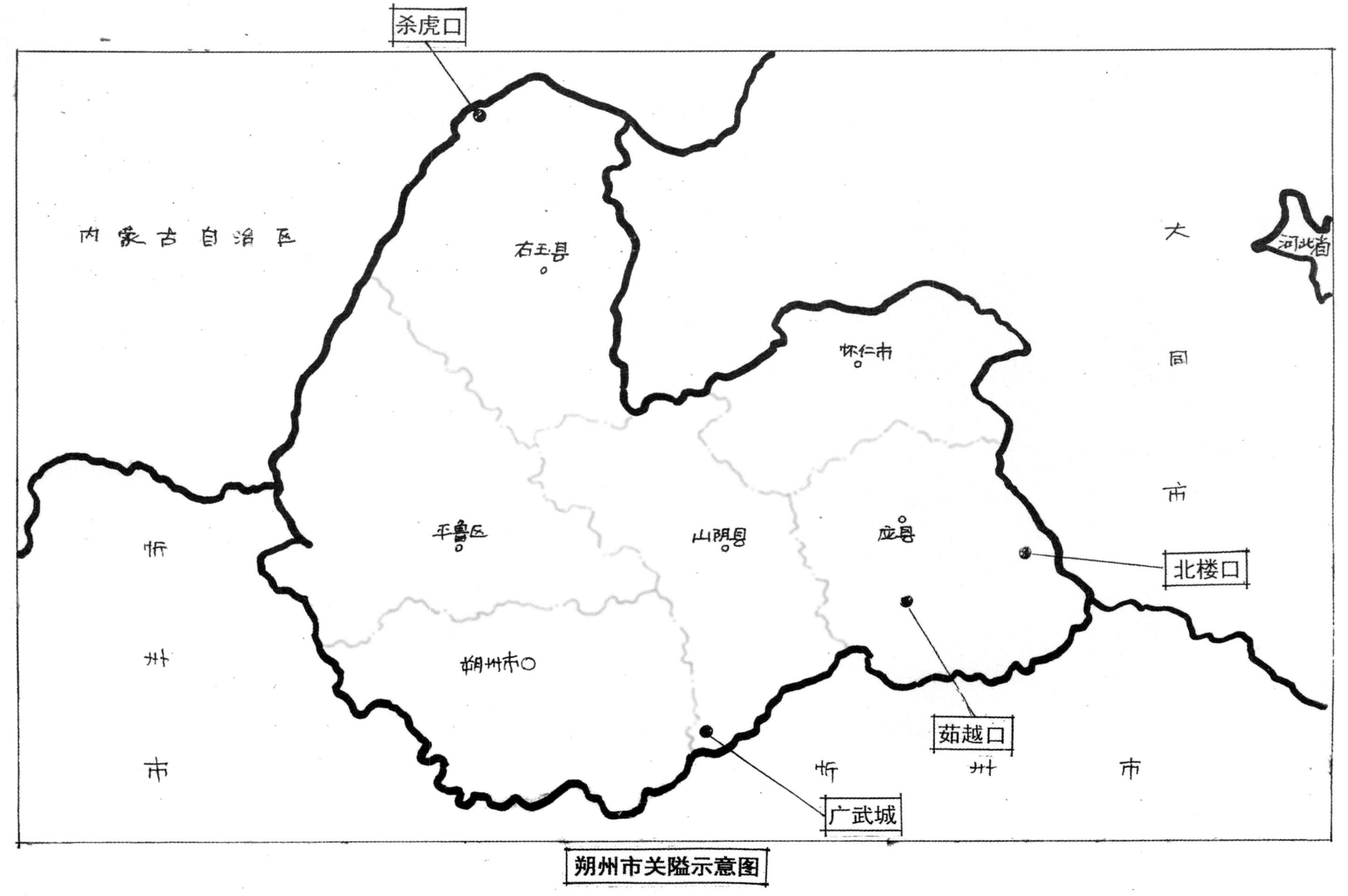

朔州市关隘示意图

朔州市
佛宫寺释迦塔
2021.10.4.

杀虎口

杀虎口在右玉县北35公里晋蒙交界处杀虎口村，又名参合陉、仓鹤陉、白狼关、牙狼关、西口。唐置关，宋、元、明、清因之。杀虎口自然成关，东临塘自山，西傍大堡山，北依雷公山、庙头山，长城沿着杀虎口由东北伸向西南，苍头河北流而过，形成天然隘口，宽200米，长达3000多米。堡逼近边墙，河直通塞漠。杀虎口形势险要，自古为军事重地，历史上周伐猃狁，秦汉伐匈奴，唐伐突厥，明伐蒙古等多次战争均从杀虎口出入，明隆庆年间蒙汉议和后，杀虎口开设马市，成为中原和塞外的交易场所，商贾辐辏，店铺林立，是商旅驮帮咽喉通道。明清时，山西商人到口外经商，此关隘是必经之路，一曲《走西口》的民歌，唱得杀虎口家喻户晓，知名度大加提高。如今有公路通往内蒙古自治区。

殺虎口 2019.4.20.

广武城

故址在今山阴县南新广武村和旧广武村，分旧广武城和新广武城。旧广武城在山阴县南 40 公里处广武汉墓群南侧，是山西省现存最完整的古城之一。建于辽代明洪武七年（1374），包砖结构。古为西陉道。

新广武城，又称广武城、广武营、广武站。明筑关，设巡检司，清因之。今有公路通过，西通朔州城区，南通代县。

廣武
广武故城(山阴)
2020.6.4.

新广武城

新广武城位于山西省山阴县境内，建于明洪武七年（1374），重建于明万历三年（1575），周三里有奇。新广武城所在地自古兵家必争，在汉代，这里归属雁门郡的阴馆县管辖。阴馆县汉景帝三年（前154）置，东汉时雁门郡治即迁于此，可见此地地理位置之重要！该地依山傍险，雄踞雁门关前，汉王朝在此设县置郡，屯兵扼守，有效地起到了抵御匈奴南侵的作用。到了明代，为了防御蒙古族的入侵袭扰，明王朝从前期即开始了大规模修筑长城的工程，这项浩大的工程到了明中晚期更臻完备。在长城沿线的内外还散布着众多的城堡，新广武城就是其中一座，明边上的这种城堡平时屯种，战时出征，在和平时期还兼有易市、榷场的经济职能。但它的军事职能始终是主要的，正如《两镇三关制》所载的那样："广武当朔州、马邑大川之冲，忻代崞崞诸郡县之要，凡敌由大同左右卫入，势当首犯。"这就说明广武城是当大同一线长城防线被突破后保卫中原的第二道防线！

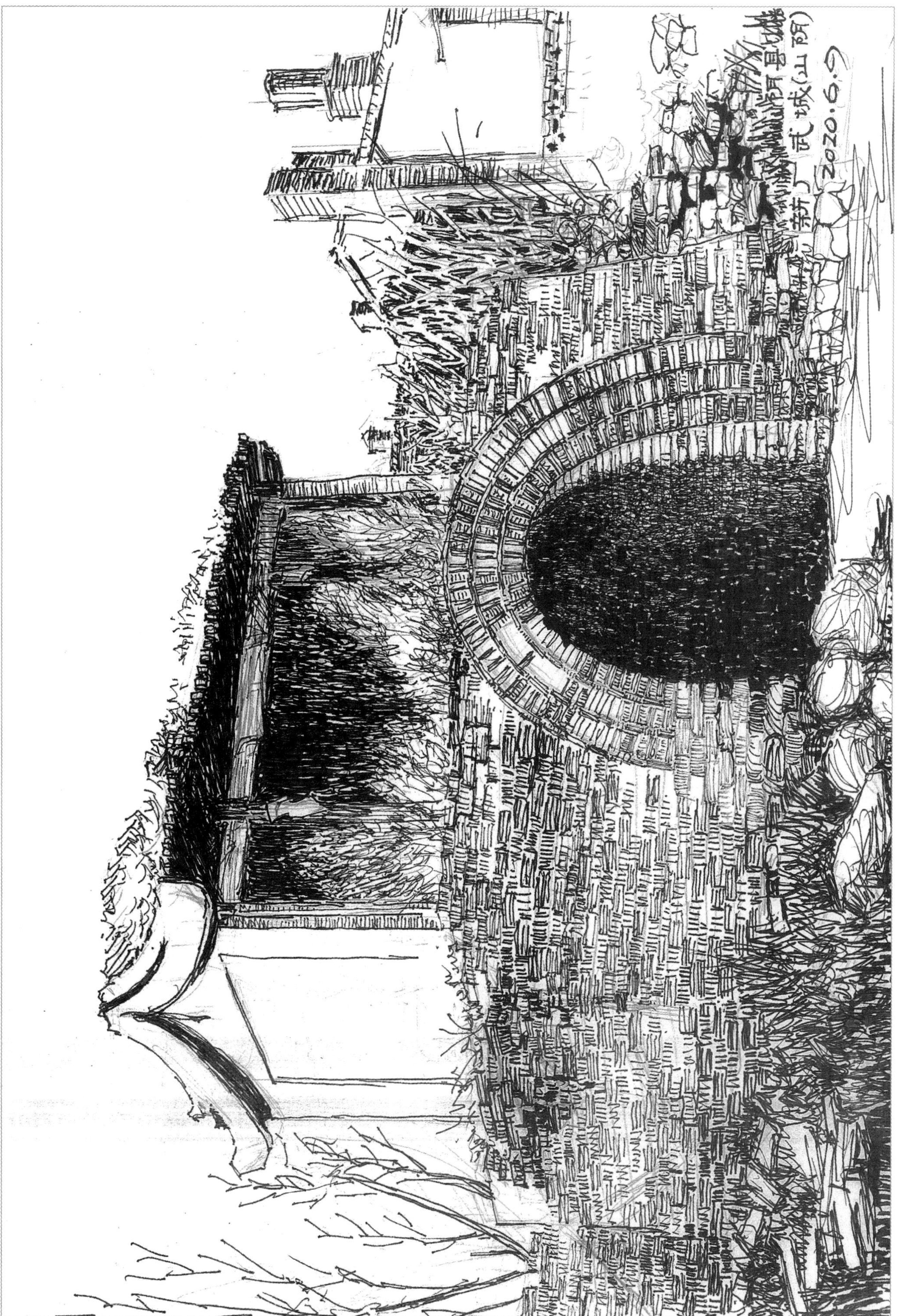
新丁武城(山阴)
2020.6.9

北楼口（北楼关）

故址在应县南 23 公里翠微山脚下北楼口村南，又名碑楼口，为翠微山麓的最大隘口，东接平型关，西连雁门关。唐设北楼关，宋为雁门十八隘之一，明筑北楼口堡，置分守参将驻守，清因之。今北楼口楼峪河两侧长城尚存，高约 6 米，有乡镇公路通三条岭乡。

北楼口(北楼关)远景

茹越口

故址在应县南20公里茹越山下茹越口村，两侧高山耸峙，豁口短浅地形险要，为雁门十八隘之一。宋有茹越寨，明筑关城堡，置巡检司，清驻把总。光绪《山西通志》:“小石、茹越等口，尤为险隘，正统、景泰以来，瓦剌、俺答即从雁门关东茹越口入掠，直到忻、代诸州县，是州在国固晋省要塞之地也。”1937年9月，日寇向茹越口阵地猛攻，急战三昼夜，国民党守军伤亡过半，终至寡不敌众阵地失守，后退守铁吉岭阵地，后因守军后继无援，阵地陷落，日军突破恒山防线，进入繁峙川。此役少将旅长梁镜斋将军壮烈殉国。

碧越口（应县）
2021.1.26

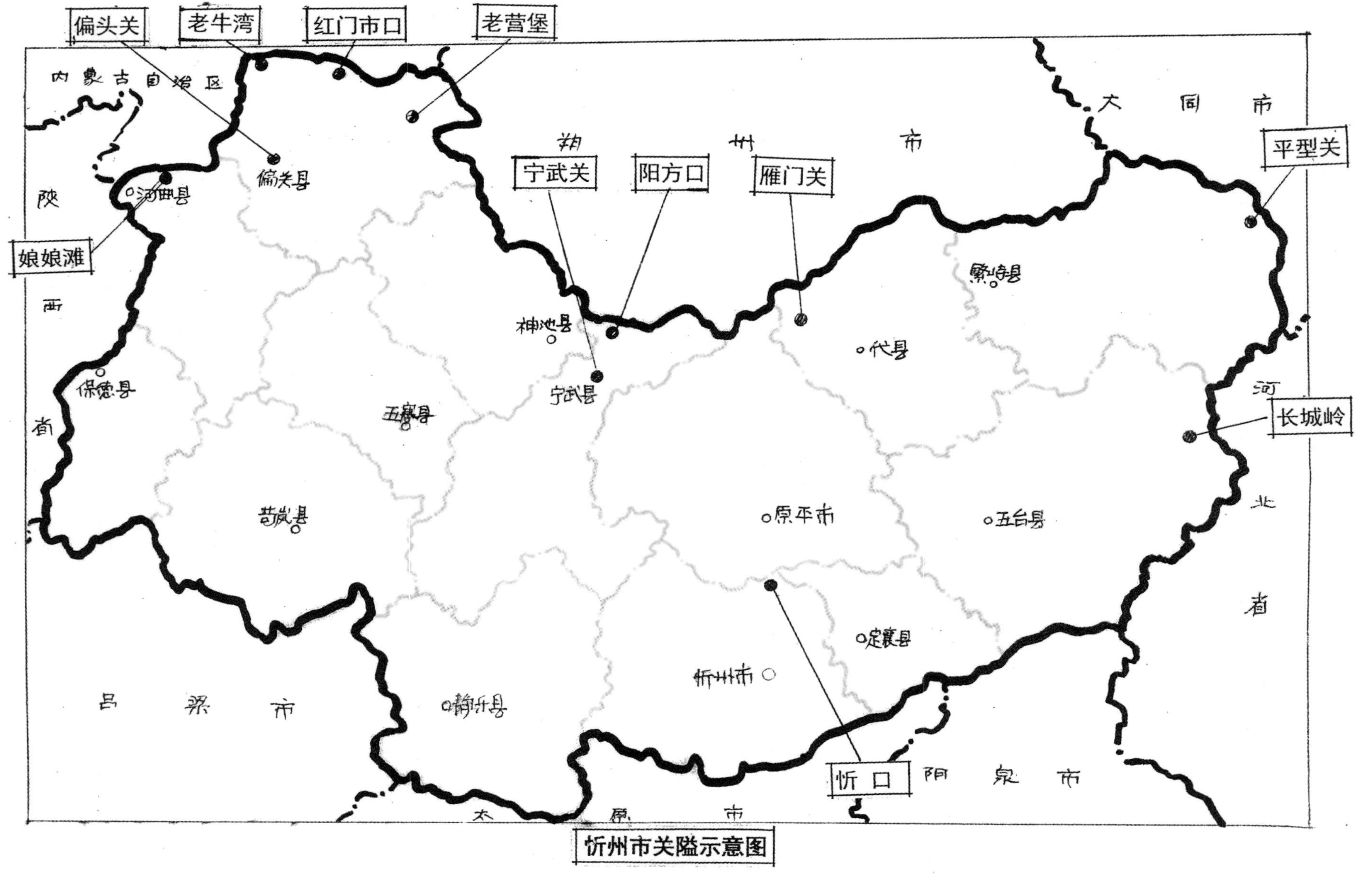
偏头关
老牛湾
红门市口
老营堡
内蒙古自治区
大同市
朔州市
宁武关
阳方口
雁门关
平型关
陕西省
娘娘滩
河曲县
偏关县
神池县
宁武县
繁峙县
代县
保德县
五寨县
长城岭
河北省
岢岚县
原平市
五台县
定襄县
忻州市
静乐县
吕梁市
忻口
阳泉市
太原市
忻州市关隘示意图

平型关新关楼

忻州市

忻　口

在忻州市区北 27 公里忻口村，两山相夹，滹沱河流其中，是山西北部通往太原之咽喉，古有“晋北锁钥”之称。汉筑忻口城，宋筑忻口寨，明清皆设兵驻守。忻口在历史上战事不断，最有名的是抗日战争时期的忻口战役。从 1937 年 10 月中旬开始，到 11 月结束，持续时间达 23 天之久。日寇开始投入兵力 3 万之众，后又增援，在山西战场投入总兵力达 9 万之多。而中方总兵力达 8 万余人。这是中日双方为坚守和攻夺太原展开的一场大战。国共两党军队在此共同组织了忻口战役。今同蒲铁路、大（同）运（城）公路从这里通过。

公元前 200 年，汉高祖刘邦至平城（今大同），被北军所围，用谋士陈平计得以解脱，还师而南，行到滹沱河之曲，六军忻庆，举口而笑，故得名忻口。

忻口(忻州市)戰爭彈痕累累在目
2020.6.22立春

宁武关

宁武关故址在今宁武县城，明代置关，为历史上著名的山西“三关”（即偏头关、雁门关、宁武关）之一。地处管涔山麓恢河谷地，向西 80 公里为偏头关，向东 60 公里为雁门关，共同构成太原城外三关。宁武关位于“三关”中路，素有“北屏大同，南扼太原，西应偏关，东援雁门”的战略作用。清初，改宁武关为宁武营，后又在雍正三年（1725）设宁武府，辖宁武、神池五寨、偏关四县。宁武关于明成化三年（1467）建成，明弘治十一年（1498）扩城七里。明万历三十四年（1606）城墙砌砖，周长 3567 米。周围烽火台峙立，气势十分雄伟。现存的宁武关鼓楼，位于今宁武县城人民大街，平面布局基本呈正方形，外观为三层三檐九背重檐歇山顶，下置砖石所券十字穿心洞底座，通高 30 余米，为山西重点文物保护单位。

寧武關古楼煩關
2019.4.19.

阳方口

位于今宁武县东北 12.5 公里阳方口村，又称阳方堡、阳方口堡，为宁武关的前哨阵地。禅方山、马头山、摩天岭挺立于东西两侧。恢河流经口西，使阳方口成为天然要隘。明嘉靖十八年（1539）巡抚陈讲创筑堡城，清时驻把总，有“晋北第一要地”“山西镇中路第一冲口”之称。古时“地势平漫，十万骑可成列以进”。今有北同蒲，宁（武）岢（岚）铁路，忻（州）保（德）、崞（阳）川（峁）、阳（方口）平（鲁）等干线公路从此通过。

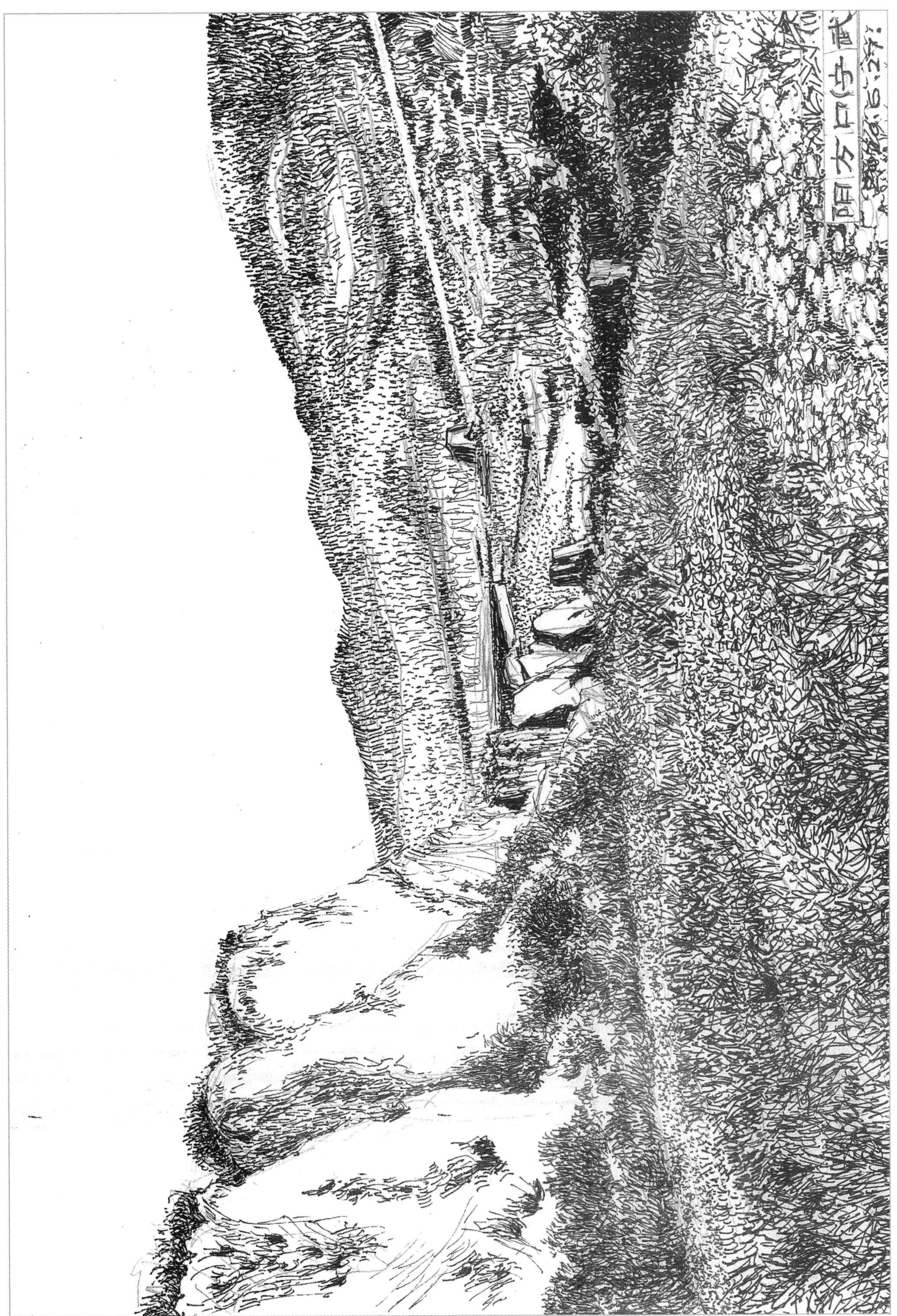

偏头关

故址在今偏关县城，东连丫角山，西连黄河，隔河套裁一水。因其东仰西伏，故称偏头关。唐置塘隆镇，宋置偏头砦，元升为关。明改筑今之关城。它与宁武关、雁门关合成“三关”。偏头关地处内长城西端，黄河入晋南流之拐弯处，地势险要，历为兵家所必争。古人有诗曰:“雄关鼎宁雁，山连紫塞长。地控黄河北，金城巩晋强。”明顾祖禹在《读史方舆纪要》中指出，“盖山西惟偏关，亦称外关，与宣、大角峙。宣大以蔽京师，偏关以蔽全晋也”。但“关城四面皆山，形若复盂，设敌登高，下瞰城中，历历可数。且山谷错杂，瞭望难周，防维不易”。历史上匈奴、突厥、契丹南犯多次从该关突入。明洪武二十三年（1390）镇西卫指挥张贤建关城。宣德、天顺、成化、弘治、嘉靖、万历年间均有修建。万历二十六年（1598）又于西关南关筑女城、水门各二，沿河筑堤，规模初备，始称“九塞屏藩”。现存关城南门，1999年修葺，三重飞檐，斗拱彩绘，拱券式门洞，上有“偏头关”三字，为省级文化保护单位。偏头关东南1公里，有凌霄塔立于东山之巅，为明代建筑。砖石结构，八角形阁楼式，外观形似文笔，故又名“文笔凌霄塔”。

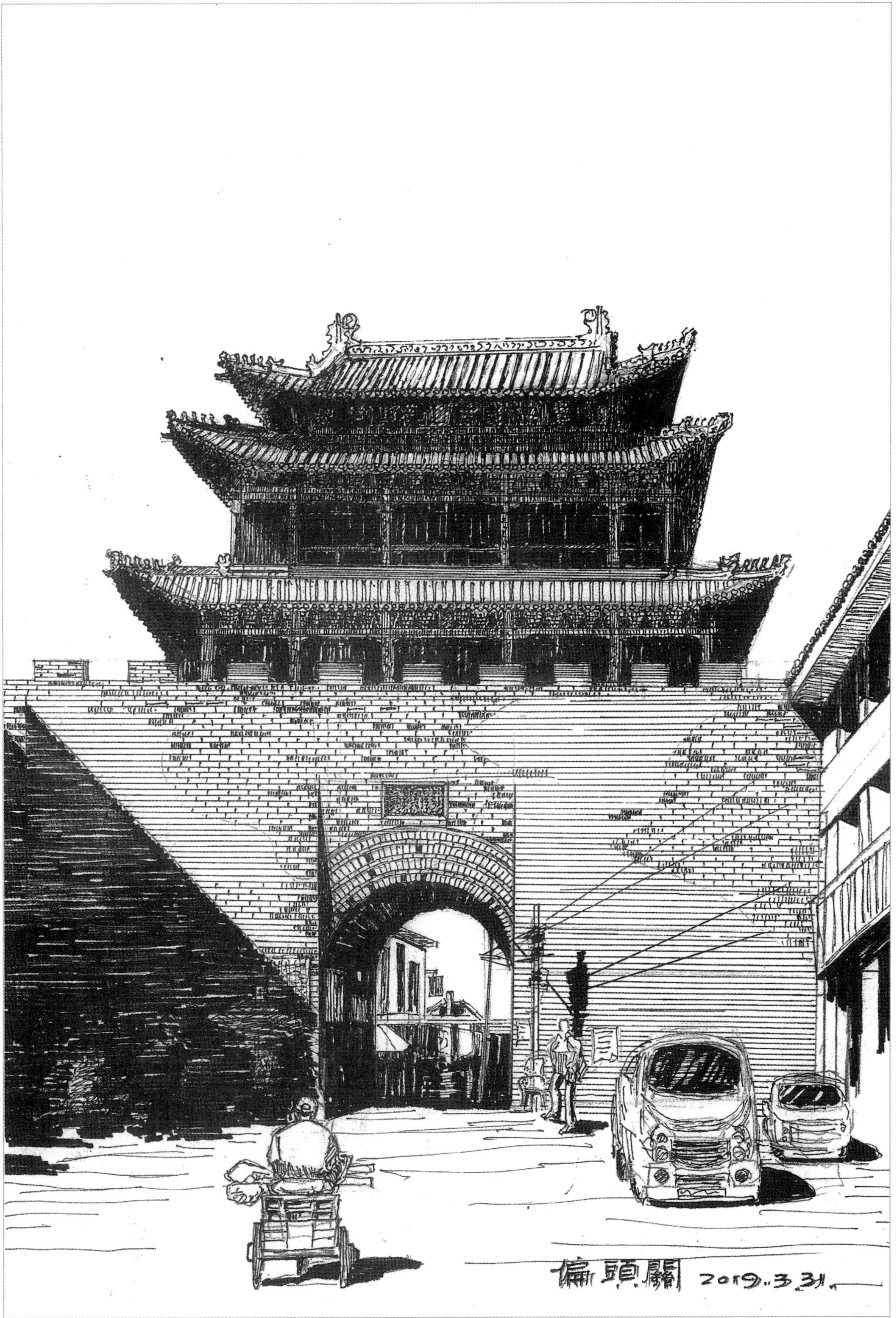
偏頭關 2019.3.31.

老牛湾口

在今偏关县北老牛湾村，为黄河与长城交会处，也是内外长城的结合处，黄河对岸即内蒙古自治区，明筑城堡驻守。老牛湾虽然为兵备要塞，但由于老牛湾至寺沟上游一带，水流湍急，冬季很少结冰，所以历史上这里大的战事并不多见，再加上老牛湾河岸直立，河道弯曲，水势平缓，形成天然码头。黄河沿岸的货物要到老牛湾卸下走陆路，明清时每天停泊的船只约在三四十只，因而使得森严壁垒的塞堡成为一座边地商城。而今城堡尚存。

老牛湾口(偏关)
2020.7.1.

红门市口

在今偏关县东北 40 公里处，其南为水泉营，是明代北据蒙古入侵的重要关口，又称红门关、鸿门口，筑于明宣德九年（1434）。因隆庆年在此开设马市，改成红门市口。红门口堡筑有瓮城，“城北有关三，关镇市场也。瓮城北有闸三，曰中、曰左、曰右。近瓮城有闸，曰内闸，乃市马之界也”。

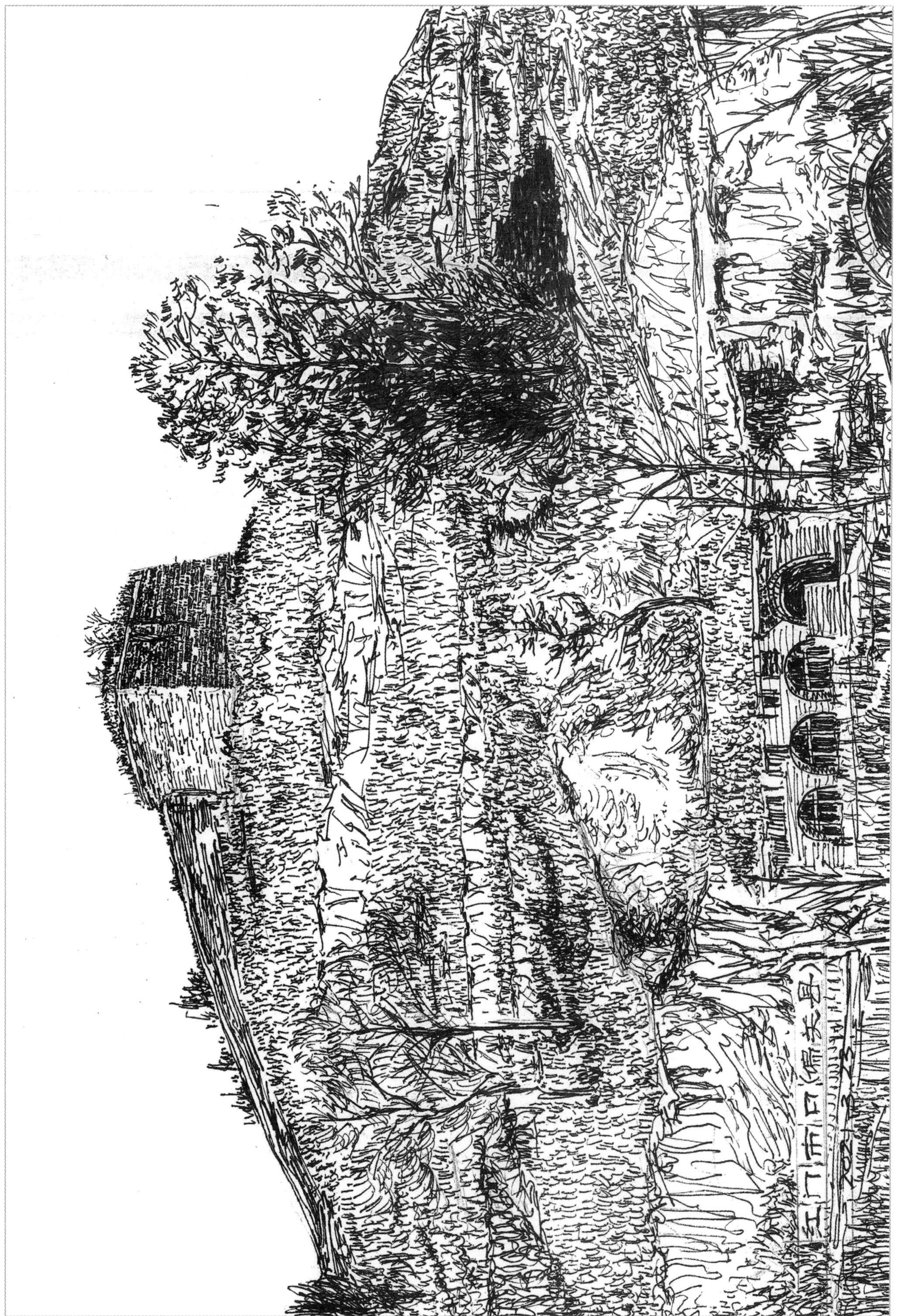

雁门关

故址在今代县西北 20 公里雁门山上，两侧山峰高耸对峙，鸟飞不越，中有一缺，其形如门，鸿雁穿行其间，故名雁门。又名勾注陉。西汉置关，以防匈奴。至北魏建都平城（山西大同）时重新建关，始称雁门关。隋唐时称西陉关，后复名雁门关。原址在勾注寨故道铁裹门南 100 米处，元废。明洪武七年（1374）重建雁门关，关址移至旧关东北 5 公里处，周长 1 公里，外有罗城。并筑“内长城”与其西面的宁武、偏头关相连，总称“晋北三关”，亦称“外三关”，雁门关雄居塞外高原，南屏忻定盆地，西抵宁武、偏关，东连紫荆、倒马，地理位置十分重要，为“京畿之藩卫，作山西之屏垣”，素有“天下九塞，雁门为首”之称。雁门关是历史上著名的古战场，首先是它所处的地理位置决定的。雁门山属吕梁山脉北支云中山向晋东北延伸的部分，东与恒山相接，略呈东西走向横亘于晋北大同盆地与晋中忻代盆地之间，海拔 1500 米以上，构成南北之巨防。从早期的匈奴、鲜卑、突厥到后来的契丹、蒙古、女贞等北方游牧民族都先后与汉王朝在此进行过许多次战争，所以关城多次被毁，又多次重修。雁门关现存关城 1 公里，残存小北门、东门、西门三个门洞，小北门上“雁门关”三字隐约可见，东门门券刻“地利”，西门门券刻“天险”。关城内有镇边寺，原为纪念战国良将李牧所建（武安君庙）。关城外北有金沙滩，据说那就是当年杨继业父子与辽国血战的地方，东有鹿蹄涧，杨家祠堂。

雁门关（代县）

老营堡

故址在今偏关县东北 40 公里老营镇，又称老营所，明置。近边有鸦角山，五眼井等，边外通王家庄、银川城诸处。城方 5 里。孤悬极塞，左控平鲁，右接偏关阳方诸口，峙为耳目，最称要害，设巡司于所内。

老营堡（偏关）

娘娘滩

“九曲黄河十八湾，传奇莫过娘娘滩”。在今河曲县东北7.5公里的楼子营乡河湾村，位于黄河之中的一个小岛上，小岛地势平坦，东西长约800米，南北面宽约500米，面积0.16平方公里。相传汉高祖后吕雉专权，将汉文帝的母亲薄太后贬到云中州，住在娘娘滩上，薄太后在岛上生下汉文帝，因怕吕后知道，就把汉文帝藏在娘娘滩附近水寨峙圪台上，得名太子滩。二滩四面围河，看茫茫黄河，水天无际。滩地高出水面仅数米，但历史上从未有河水满滩的记录，故民间有水涨滩高的传说。滩上现有居民30多户，绿树成荫，鸟语花香，风景如画。

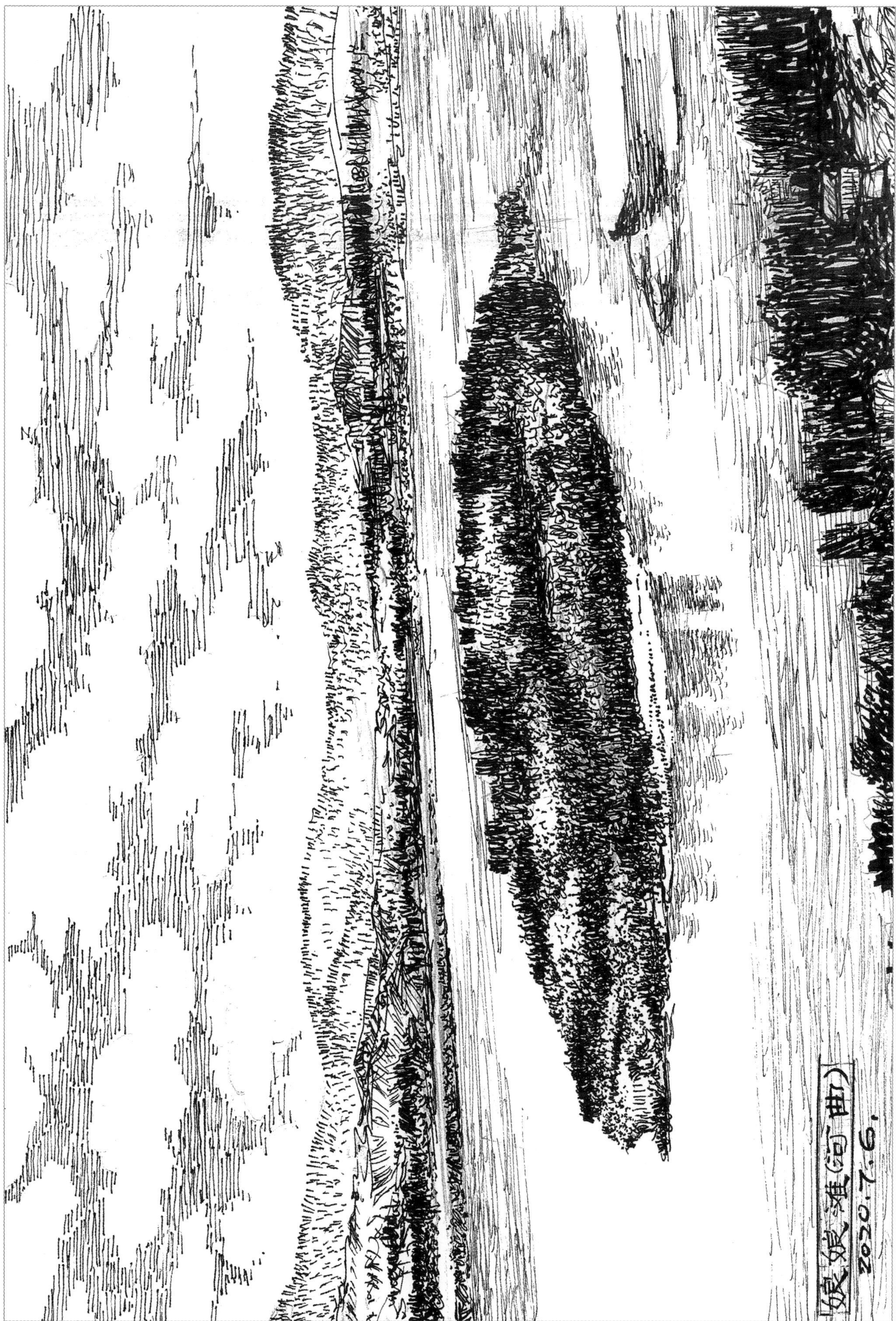
娘娘滩(河曲)
2020.7.6.

平型关

故址在今繁峙县东65公里与灵丘县交界处平型关村附近，又名瓶形寨、瓶形关、瓶形岭、平刑关，因山形似瓶形而得名。宋筑寨，明置关。北有恒山，南有五台形成带状低地，古为华北平原北部与山西相通的最便捷孔道。平型关至灵丘县东沟村一段为峡谷地带，长2500余米，两侧断崖峭壁，极其险要，“东控紫荆，西辖雁门”。平型关城据平型岭之口，周长1公里，城楼高8米，南北各置一门，关城北有六郎城，传为宋将杨延昭镇守之地。今关楼已毁，仅存北瓮城，门洞匾额上书“平型岭”三字，两侧岭上明长城遗迹尚存。抗日战争初期，八路军115师在平型关设伏，一举歼灭日军板垣师团1000多人。这是八路军对日作战的第一仗，首战告捷，举世闻名。今有北京至太原的京原铁路通过关下。

平型关（繁峙）

平型关伏击战

平型关大捷（又称平型关战斗、平型关伏击战），是指 1937 年 9 月 25 日，八路军在平型关为了配合第二战区的国民党军作战，阻挡日军攻势，由 115 师师长林彪、副师长聂荣臻指挥，充分发挥近战和山地战的特长，首次集中较大兵力对日军进行的一次成功伏击战，八路军在平型关取得首战大捷。

平型关伏击战

长城岭

在今五台县东北石咀村东，又名十八盘，岭口南北土石山连绵，中间为百米深的山垭口，岭口向东西两侧渐次倾斜，形成长 3000 米的谷地。明在此置关，名龙泉上关。古为三晋东北要塞，清康熙、乾隆数次西巡都从此路过。1948 年毛泽东等领导同志经五台山，过长城岭，进入河北西柏坡。是山西通往河北的重要隘口。

長城岭五台山

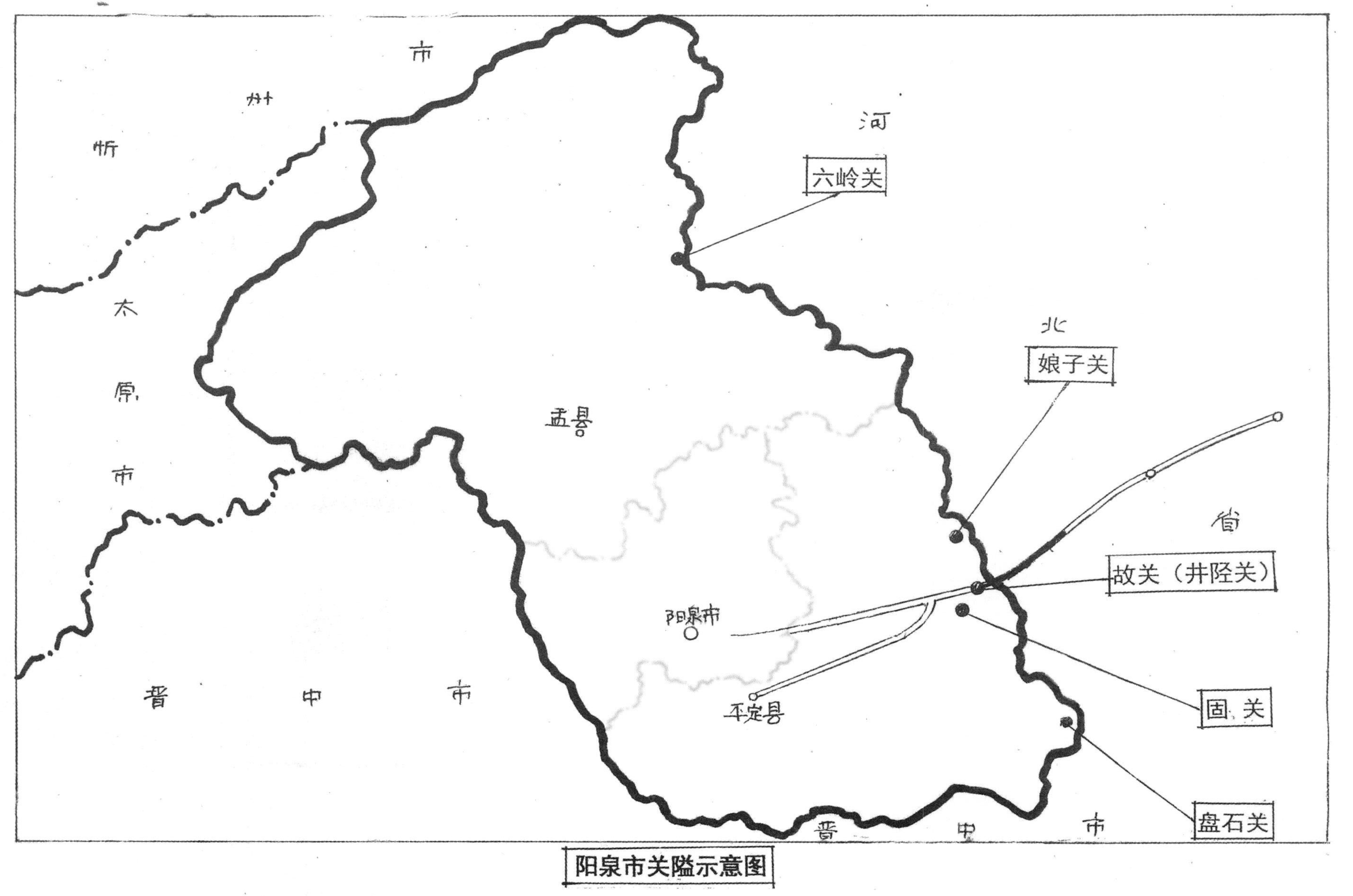

忻
州
市
太
原
市
河
北
省
六岭关
娘子关
故关（井陉关）
固关
盘石关
盂县
阳泉市
平定县
晋
中
市

阳泉市关隘示意图

百團大戰紀念碑
阳泉市
百团大战纪念碑
2021.10.1.

百团大战

百团大战，是抗日战争时期，八路军在华北敌后发动的一次大规模进攻和反“扫荡”的战役，由于参战兵力达 105 个团，故称“百团大战”。百团大战是抗日战争相持阶段八路军在华北地区发动的一次规模最大、持续时间最长的战役。

百团大战分为 3 个阶段。1940 年 8 月 20 日至 1940 年 9 月 10 日为第一阶段，中心任务是摧毁正太路交通。1940 年 9 月 22 日至 1940 年 10 月上旬为第二阶段，主要任务是继续破坏日军的交通线，并摧毁日军深入抗日根据地的主要据点。1940 年 10 月上旬到 1941 年 1 月 24 日为第三阶段，主要任务是反击日军的报复性“扫荡”。

据八路军总部 1940 年 12 月 10 日的统计，百团大战仅前三个半月期间，进行大小战斗共 1824 次，重击了日伪军的反动气焰，有力地配合了国民党军正面战场的作战，极大地振奋了全国的抗战信心。

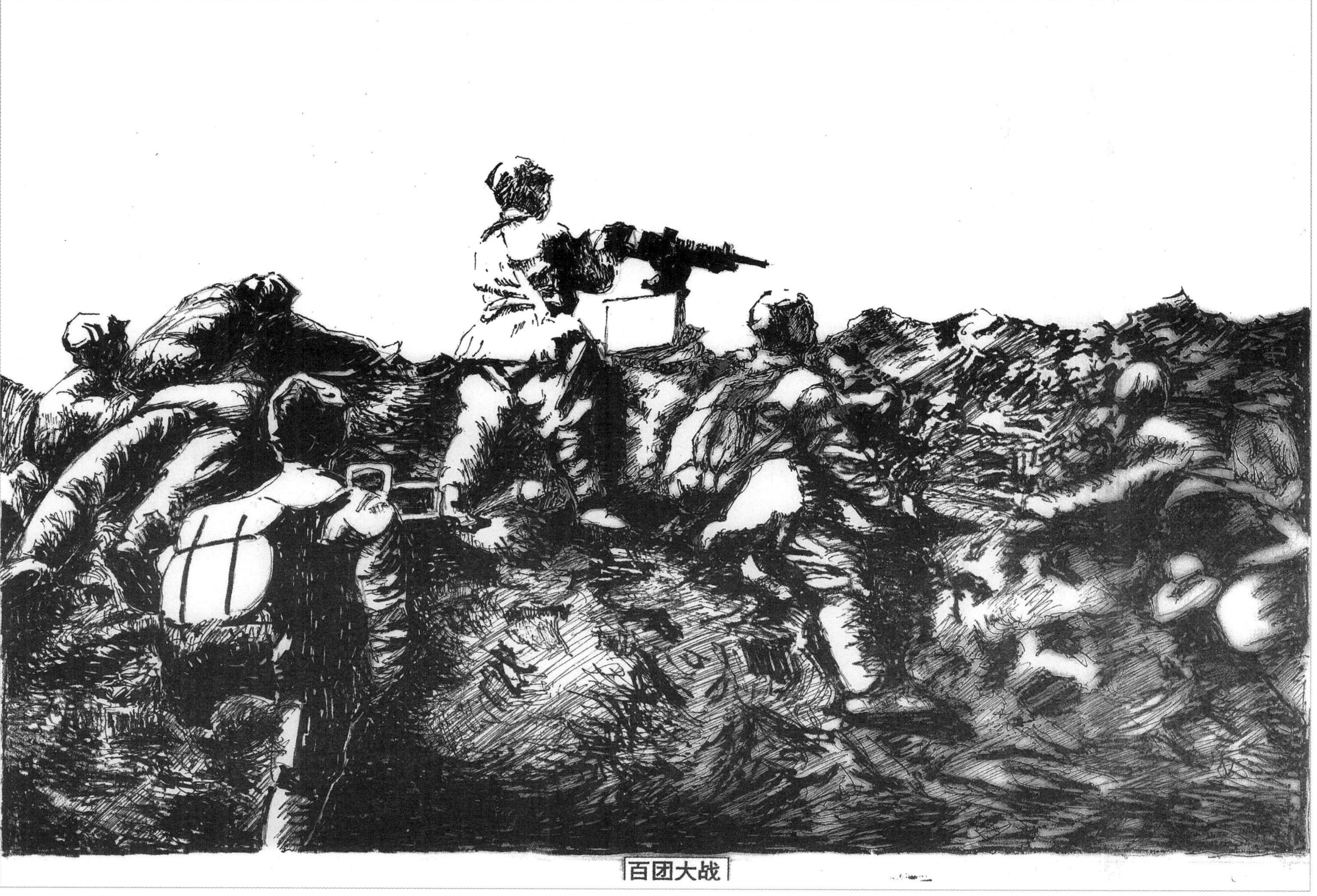

百团大战

娘子关

故址在今平定县东北45公里娘子关村，又名苇泽关。北魏置，唐为承天军戍守处，宋建承天寨，明为承天镇，清建固关营。地处太行山脉西侧“井陉”西口绵河谷，与河北省交界，有长城九关之称，是山西通河北的重要出口。

娘子关之名，最早见于金代诗人元好问《游承天悬泉》诗，诗中有“只知晋阳城西天下稀，娘子关头更奇崛”。据《读史方舆纪要》中说此地原有妒女祠，凡妇人艳妆靓服经过祠下，“必兴雷电”，故名娘子关。另一个传说是唐高祖李渊的三女儿平阳公主曾率娘子军在此镇守，“一妇挡关，万夫莫开”，使雄关固若金汤，因而把此关称作娘子关。至今娘子关上还留有“点将台”、“避暑楼”、“洗脸盆”等与平阳公主有关的许多传说遗迹。

娘子关筑城在绵山山腰，被依陡崖，下临峻谷，形势非常险要。东有上关，镌有“娘子关”横额；西为下关，上有阁楼题“平阳公主驻兵处”，门额书“秦晋屏蔽”。明嘉靖二十一年（1542）重修，开东南两门，东门砖砌，额题“直隶娘子关”，上有平台城垛；南门石砌，额题“京畿藩屏”，复檐悬“天下第九关”，上建“宿将楼”嵯峨雄伟，相传原为平阳公主聚将御敌之所。长城依山蜿蜒，与城堡相连，呈险形巨势。城内现存有关帝庙、钟楼等古迹，关城东妒女祠下，泉水破地而出，翻滚向前冲出百米左右，然后凌空飞泻，落入桃河河谷，形成石壁飞流般的瀑布，称娘子关瀑布，又名水帘洞。郭沫若有诗赞曰：“娘子关头悬瀑布，飞腾入谷化潜龙。”今有石太铁路，苇（泽关）旧（关）公路及经由娘子关的阳（泉）井（陉）公路从关前通过。

天下第九關
平定娘子關
2019.12.2

娘子关内侧（平定）

太行八陉
秦皇古驿道(平定)

故关（井陉关）

故址在今平定县40公里旧关村，是山西通河北的主要出口。又名井陉关、井陉口、旧关、土门关、石研关，太行八陉之一（第五陉），是井陉的西口，先秦九塞之一，北距娘子关5公里。战国时置关，“远通秦晋，东扼滹水燕赵，西南万峰插云，羊肠一线”，是由平原进山的首关，易守难攻，犹如瓶颈，向为军事要塞。历史上这里发生过很多战争，最著名的是汉将韩信指挥的“背水之战”。汉高祖三年（前204），韩信率军攻赵，在井陉关外破釜沉舟，背水而战，士兵因无退路，舍命与赵军拼杀，大获全胜，是中国军事史上以少胜多的著名战例，也留下了“背水一战”的成语典故。而今关城建筑虽已不存，但登上关口遗址，看层峦叠岭，残垣古道，仍能体会到当年腥风血雨、金戈铁马的惨烈与悲壮。今有太旧高速公路和307国道从此通过。

故关（平定 第五陉井陉）

固　关

故址在今平定县东北35公里新关村，又名新关，东距旧关5公里，北距娘子关8公里，原有中山长城，明嘉靖年间，因俺达入太原，守臣奏请于旧关址西立新关以防。今关城保存完好，东西城门皆用铁板钉裹，西门建有坚固的瓮城，城门上有重檐歇山顶关楼，刻有“固关”两个大字，楼的两旁架有铜炮、铁炮数十门。关城内有衙门三座，庙宇多座，辟有箭道一处，是官兵走马射箭之地，城外设有教场。相传，明末李闯王进军北京，攻固关未克，只好取道宁武，临走时叹道，“此关插翅难飞”，关堡两翼长城始建于中山国，修复于明，北起娘子关，南至石灰村口，蜿蜒曲折，长达百余里，墙高九米许，宽三米余，用黏土灌浆夯实而成，实固形威，雄奇壮美。城墙上建有炮台、墩台十一座，烽火台两座，哨台一座，药楼一座，敌楼三座，是我国现有的中山时长城关隘。被中国长城协会副会长罗哲文先生称之为“小八达岭”，并欣然题词，“固关长城”，“北望雁门千里近，长城锁段万峰青”。今有太旧高速公路通过。

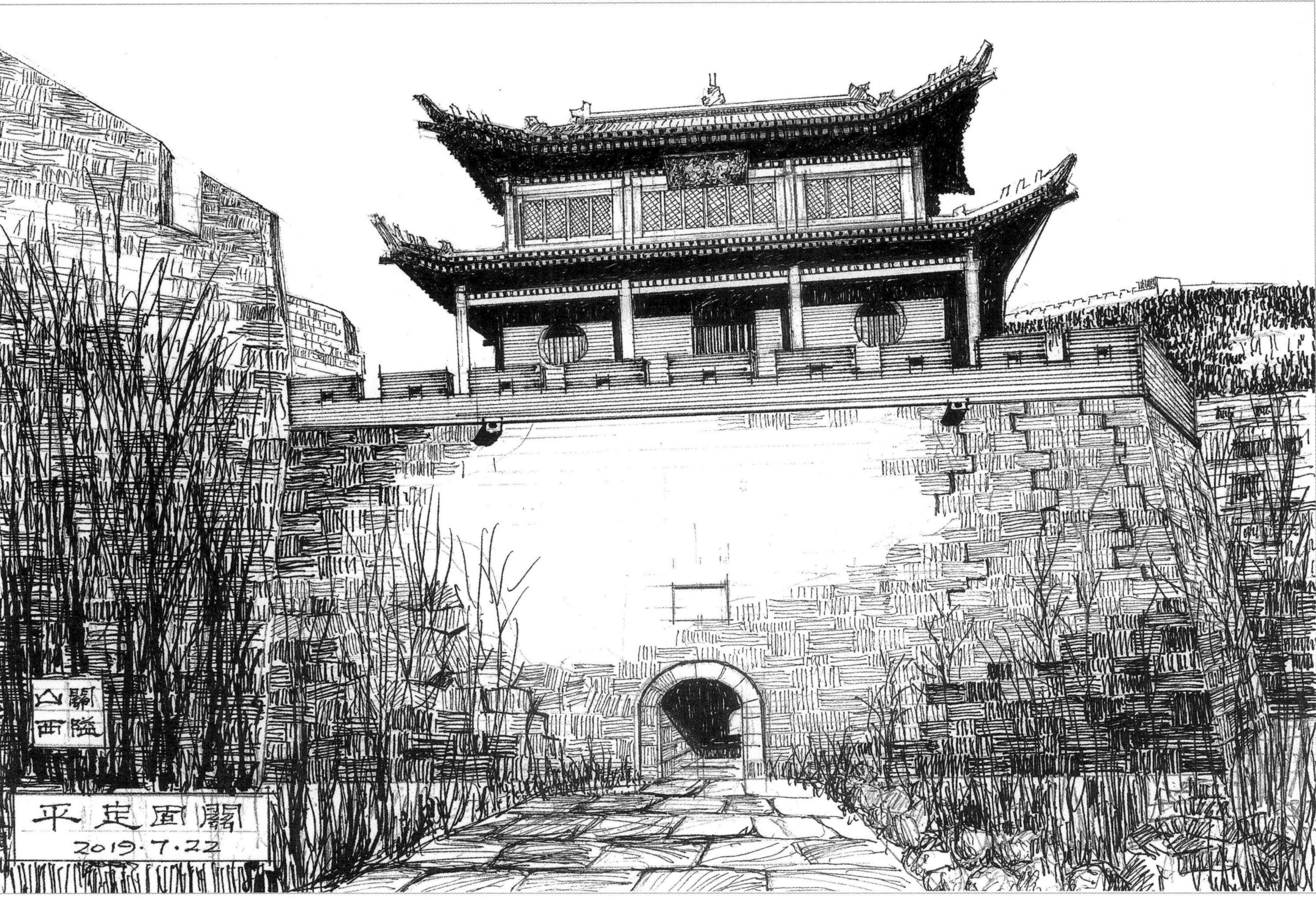
平定西關
2019.7.22

盘石关

故址在今平定县东南35公里七亘村，其东即河北省井陉县石门村，又名石门口、石门关。这里重峦叠嶂，地形十分险要，古有“龙虎环抱”之喻。唐代置关，此关最有名的是“七亘大捷”，即时任八路军一二九师师长刘伯承领导的伏击日寇的战斗。

画 石关（平定）
2021.12.9

七亘大捷

1937 年 10 月，抗日战争时期，八路军在七亘村伏击侵华日军的一场战斗。

此后八路军运用七亘“重叠待伏”的经验，在黄崖底、广阳、户封等地，连续三次成功伏击日军，歼敌 1000 余人，迟滞日军第 20、第 109 师团西犯一周之久，掩护防守娘子关地区的国民党军撤退，使太行山区的人民从亲身经历中认识到共产党、八路军是他们的依靠，这对开辟太行山抗日根据地起了重大作用。而七亘村伏击战也作为我军以小击大、以弱胜强的经典战例，被载入世界军事典籍。

七亘大捷

六岭关

故址在今盂县东北 30 公里的六岭村，又名陆岭关，与河北平山县交界，因六岭对峙而得名。明正德十三年（1518）置关，与狐榆树隘口长城遥相呼应，两者相距十余公里。这里曾是北方少数民族偷袭和进攻中原的路径。民国时期，晋奉军阀争战，阎锡山为防奉军入晋，曾整修六岭关及其城墙，并驻军把守。

2021/12/11.

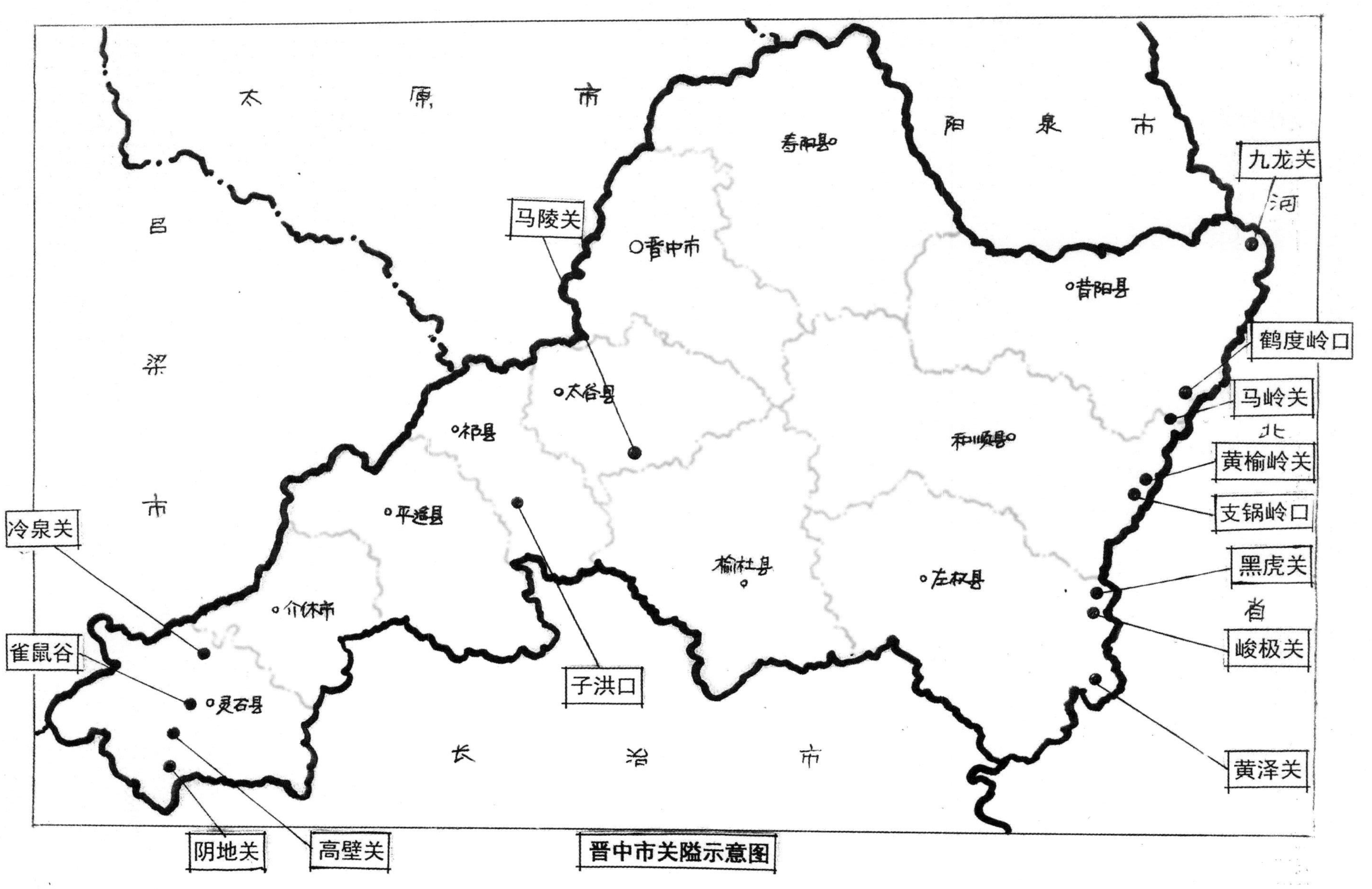
太原市
阳泉市
吕梁市
长治市
河北省
寿阳县
晋中市
昔阳县
太谷县
祁县
和顺县
平遥县
榆社县
左权县
介休市
灵石县
九龙关
马陵关
鹤度岭口
马岭关
黄榆岭关
支锅岭口
黑虎关
峻极关
黄泽关
冷泉关
雀鼠谷
子洪口
阴地关
高壁关
晋中市关隘示意图

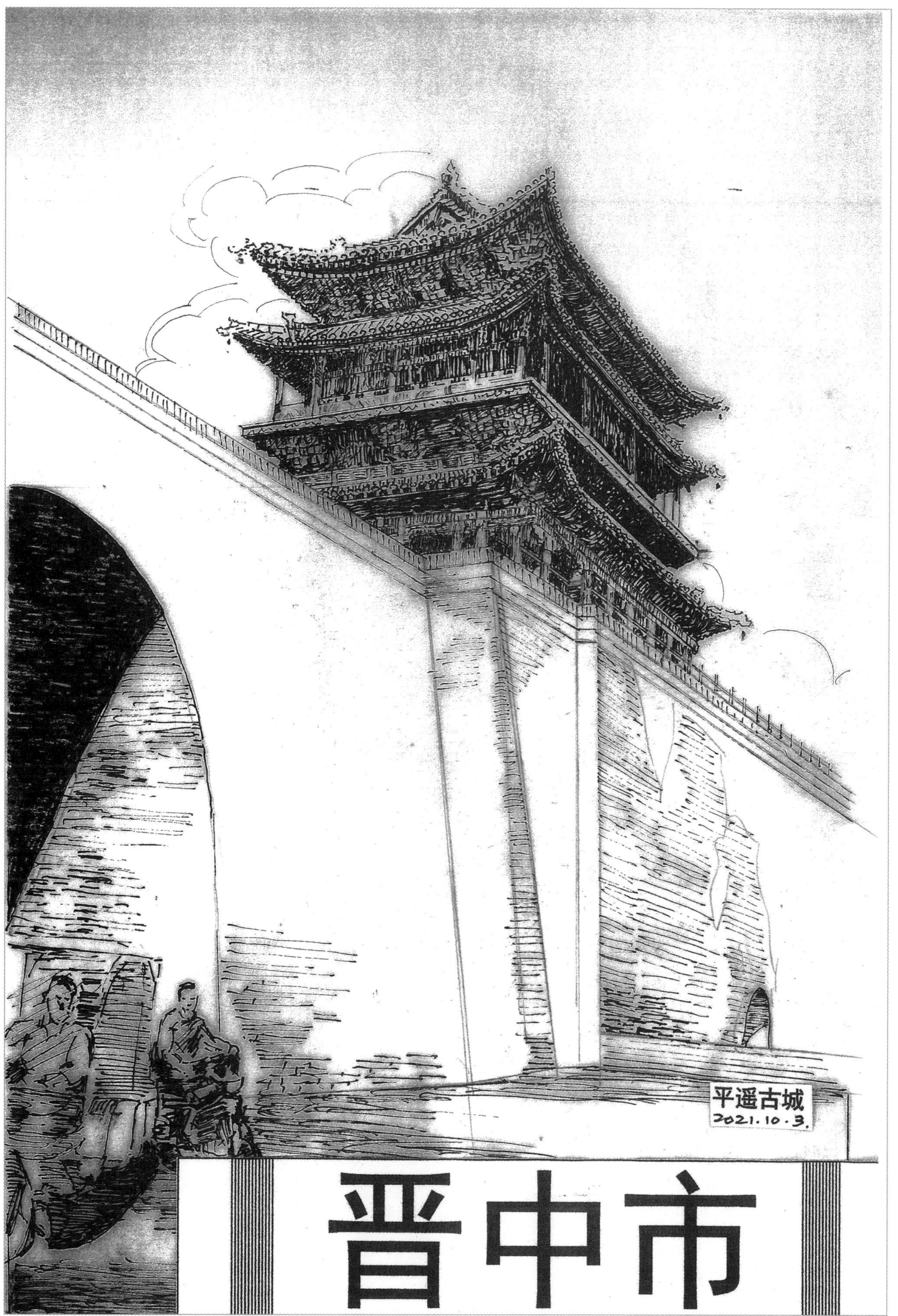
平遥古城
2021.10.3.
晋中市

冷泉关

故址在今灵石县北20公里冷泉村，为雀鼠谷北口，又名灵石口、古川口、阳凉北关，村中有泉，甘洌可口，酿酒颇佳，明清时曾有冷泉渡。唐置关，明设巡检司，有“平阳锁匙”之称。

灵石冷泉關

雀鼠谷

北起今介休市西南10公里义棠镇，南至灵石县南关，谷长约35公里，又名调鉴谷、冠爵津。其间道途狭隘，地形险要，迂回陡仄，因唯宜雀鼠通行而得名，冷泉关、高壁岭、阴地关皆在其间，古为往来孔道，也是古战场。隋大业初，李渊在此击败农民军甄翟儿。唐初，秦王李世民与宋金刚一日八战，最终破宋金刚，收刘武周大将尉迟敬德也发生在这里。

雀鼠谷（介休 灵石）
2020.10.26

阴地关

故址在今灵石县西南 25 公里南关镇。又名南关、阳凉南关、汾水关。为雀鼠谷南口，与冷泉关一南一北，遥相呼应。汾河沿雀鼠谷一路流淌南去，自南北朝到元代，近千年来，这里战事不断。此关已不存，遗址犹存。铁路公路并行。

阴地关(所在地南关门洞)
(灵石县) 2021.3.27

高壁岭

故址在今灵石县南十公里高壁村，又名韩信岭、韩侯岭，位于雀鼠谷中段，为太原盆地和临汾盆地的分界线，古代南北交通要道和军事重地，南北朝置关。汉高祖十一年（前196），北方陈豨联合匈奴进犯中原，刘邦率师亲征。吕后在长安用计杀死韩信，派人将韩信首级送往灵石高壁岭，适逢刘邦得胜班师于此，逐令将韩信首级葬于岭上。因韩信生前被封为淮阴侯，得名韩侯岭，俗称韩信岭，后人建有韩信墓，墓前有韩信祠，建于金明昌年间（1190—1195），至元代曾三次修葺增补，题咏撰联颇多，其中最为凝重精练的要算“生死一知己，存亡两妇人”一联，十个字概括了韩信的一生。

高壁岭（灵石）

黄榆岭关

故址在今和顺县东35公里黄榆岭口，又名黄榆关，“峭壁际天，中有悬泉如玉柱，下有巨涧”，山势崎岖，岩高木密，“为太行绝顶，东疆第一险隘地”，和顺县东通河北邢台要隘，明置关。

太行古戎黄榆關

黃榆關長城殘垣

戦地残迹
2020.7.13.

子洪口

在今祁县东南子洪村东 0.5 公里处，又名紫红。东有板山西有白石岭，海拔均在 1100 米以上，两山相峙，形成天然关隘，长 20 公里，古为潞安府（今长治市）通太原的咽喉要道。东南石佛崖，有唐代雕凿的石窟造像。抗日战争时期，国民革命军第十七陆军一六九师师长武士敏将军率部驻扎于此，使侵华日军两年不得通过。1938 年 4 月中旬，日军一〇九师团数千人，以三股犄角向子洪口发起进攻，一六九师与八路军配合作战，激战 6 日，日军在伤亡 900 余人和损失 10 多辆汽车的情况下狼狈退走，史称“子洪口战斗”。今有 208 国道通过。

子洪口(祁县)208国道
2020.7.9.

马岭关

马岭关故址在今昔阳县皋落镇圪塔店村南，又名马岭隘口，隐居于马岭山而得名，中间低洼，山峰险峻，扼控晋冀，交通不便，易守难攻。南北朝北齐天保六年（555）置关，明洪武三年（1370）置巡检司，清设兵防守，是昔阳、和顺和河北内丘、邢台通道的交汇点，被称为太行绝顶东疆第一险隘。现存城门石券，高 2.4 米，宽 1.8 米。城上筑锯齿形城垛，两侧山上筑有 5 座箭楼，呈方锥形，现存 2 个。

黄泽关（左权）

马陵关

故址在今太谷县东南35公里水磨坡村附近，与榆社县交界，又称马羚关，相传在战国时期因马陵古道而得名。唐代置关，其地群峰崩云，涧水穿峡，控险扼要，沿关两翼有唐长城，沿山屈曲，延袤约150公里，自古为戍守之处。相传战国时，孙滨与庞涓斗智，孙滨用减灶之法，将庞涓诱至马陵，设伏兵大破庞涓，庞涓身中数箭，于绝望之中自刎于此。古人有“千载孙庞遗恨在，白杨风起总悲声”的凭吊。现有古城遗址，其石券门刻字“安镇门，大明万历题”。还有元代摩崖造像。

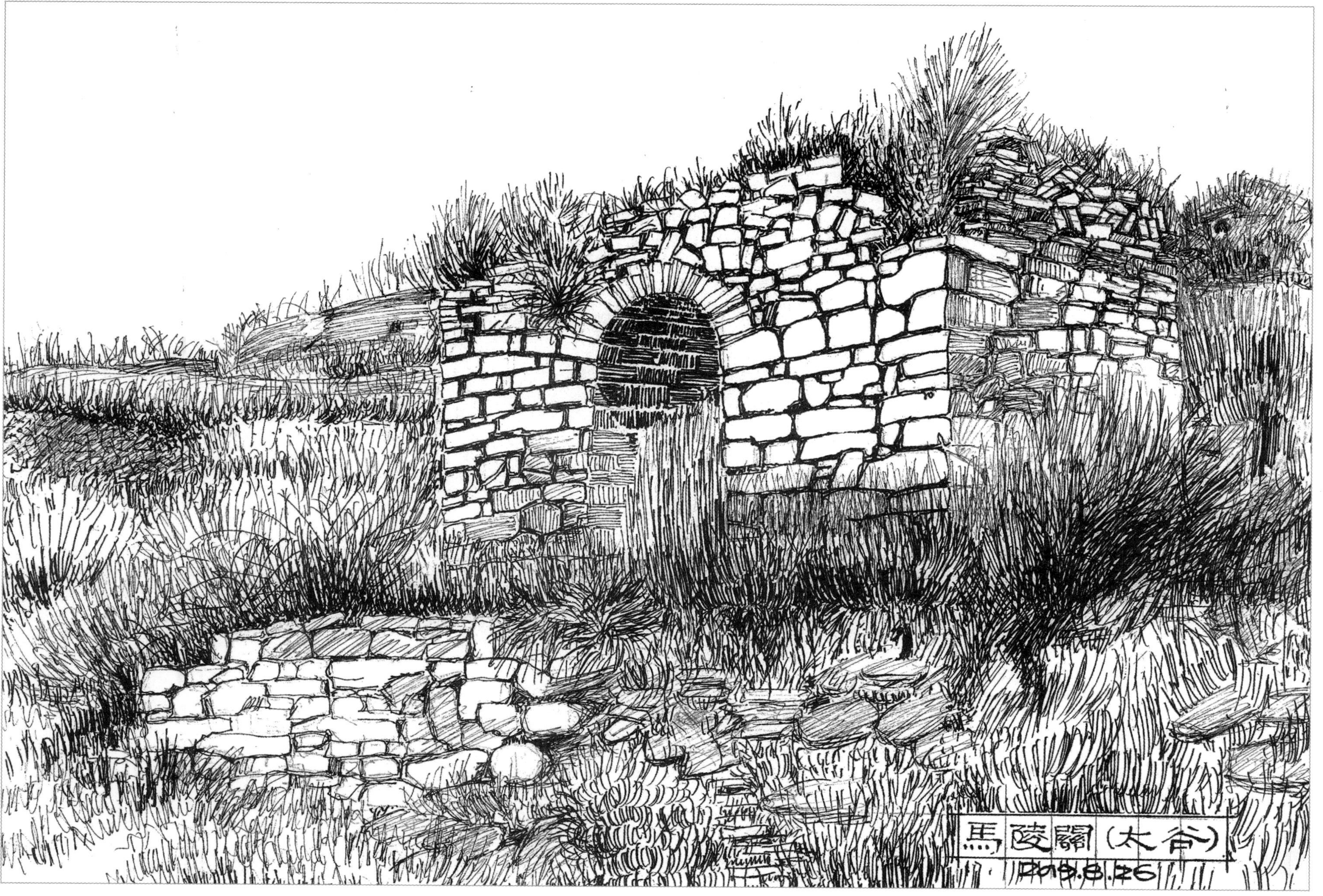
馬陵關(太谷)
2019.8.26

鹤度岭口

又名仙人台，嵩都岭。在昔阳县东南皋落镇长沟村南约 1.5 公里的山梁上。因山峰高耸，人难逾越，唯鹤可度，故名。明长城关隘，城有楼。城门有勒石曰：“鹤度仙踪”。

鶴度岭F
2019.8.21.

支锅岭口

位于今和顺县小董坪村东 1.5 公里处。明长城真保镇关隘。北距黄榆关 8 公里，因附近三座山岭相峙，犹如三块巨大的支锅石而得名，是扼守由山西和顺县通往冀南的交通咽喉。据《四镇三关志》载：支锅岭口关为“明嘉靖二十一年（1542）建”。支锅岭口关城南侧为山涧，深不可越，西侧为壁立悬崖，陡不可攀，所以只在北、东两面筑有石墙。石墙今保存较好，北侧城墙上尚存石匾，阴刻横书，“支锅形胜”四字。此匾无年号，署有“总督蓟辽都御使杨”、“巡抚保定都御使孙”、“整饬大名兵备副司姜”。现存有嘉靖年间的长城，城墙有垛口、堞墙、箭眼、内墙和城门。今榆（次）邢（台）公路经此岭下。

和顺支锅岭口
支锅岭口残垣

九龙关

故址在今昔阳县东50公里黄沙岭上九龙关村，南北朝北齐文宣帝天保六年（555）置关，唐、宋、明、清多次重修。旧有关楼，楼上有巨石拱形城门。城门由城楼上的绞车升降启闭，今已不存。

九龙关（昔阳）

黑虎关

故址在今左权县下庄乡东山村东北 0.5 公里处。居高临下，底部坡度陡峭，顶部平坦，北与和顺夫子岭相望，为左权县东出河北省之要隘。今有公路通河北省邢台市。

峻极关

故址在今左权县下庄乡水泉村东北 2.5 公里处。又名极关、摩天岭。因此地山峰壁立，直插云霄，故名。出关东北为河北省邢台市，东南为武安市（旧属河南省）。民间有“三省要隘”之称。

2021.4.29

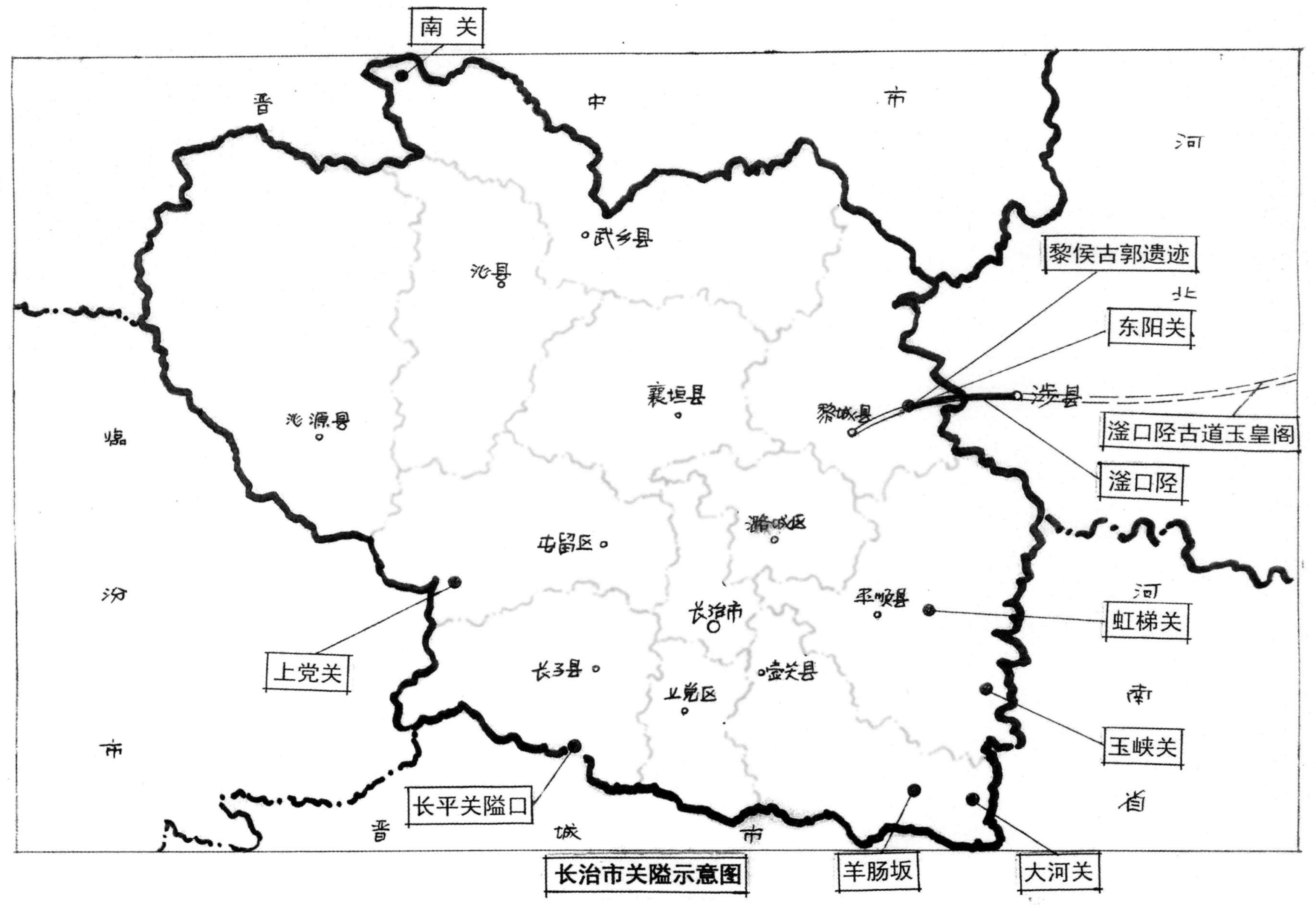

南关
黎侯古郭遗迹
东阳关
滏口陉古道玉皇阁
滏口陉
虹梯关
玉峡关
大河关
羊肠坂
长平关隘口
上党关
涉县
黎城县
平顺县
潞城区
壶关县
长治市
上党区
襄垣县
武乡县
屯留区
长子县
沁县
沁源县
晋中市
河北
河南省
晋城市
临汾市

长治市关隘示意图

长治市
上党门
2021.10.5.

上党关

故址在今屯留县丰宜镇摩诃岭上黑家口村，又名毛孩岭，双峰对峙，古为上党西通平阳的必经之路。汉置关，关建在山顶西侧，十分壮观，东西两侧还有吴寨、华寨、边寨等要寨边卡为屏障，互相接应，有上党西大门之称。新中国成立后，政府在这里建起了林场，植树造林，绿化荒山，现在已成为屯留、安泽两县的用林基地。

2020.7.15.

东阳关

东阳关故址在今黎城县城东10公里东阳关镇，东2.5公里处有吾儿峪，又称壶口旧（故）关、壶口关、盂口，是滏口陉的西口。春秋时期置关，明设巡检司，后移至东阳关，此地古为上党通往河北之咽喉要道，两翼有长城，形势险要。古往今来，战事不断。抗日战争爆发后，日军从东阳关侵入上党。为抗击日寇，这里发生过两次较大的战斗。一次是1938年2月，国民革命军第四十七军李家钰将军率部在此奋力阻击日军。一次是1938年3月30日，八路军一二九师为打击日本侵略军从邯郸到长治的重要补给线，在徐向前副师长指挥下，以三个团于东阳关至涉县响堂铺之间设伏。当敌人进入伏击圈内，八路军发起进攻，经过一小时的激战，将敌全部歼灭，烧毁全部汽车，共歼敌400余人，此役称“东阳关战斗”。

東陽關長城遺迹

黎侯古郭遗迹

响堂铺伏击战

滏口陉（太行八陉第四陉）

古隘道名，“太行八陉”之一，位于河北邯郸市峰峰矿区西纸坊村南。北有鼓山，南有神麇山（俗称元宝山），系滏阳河上横切山地形成的峡谷。因紧临水泉沸腾的滏阳河上源而得名。峡谷平均宽约 200 米，长约 300 米。山岭高耸，地势险要，古为连通晋冀之间天然交通要道。更重要的是，当时北齐王朝有两个政治中心，即今河北临漳县邺镇的国都和山西晋阳的陪都。北齐皇帝和其大臣们常常穿梭于晋冀豫，滏口陉成为此时二都之间往返的通道。他们不仅修整了河谷中的道路，还在响堂等地开凿石窟，修建庙宇，既为献佛，也为往来商旅、行者提供行宫。在滏口陉古道上，有一座响堂寺。响堂寺分南北两寺。南响堂在古道鼓山纸坊村，北响堂在鼓山的暖村东，两地相距 15 公里，两寺共有石窟 16 座，大小造像 3400 余尊。石窟构思巧妙，石像优美，飞禽走兽，栩栩如生。这些石窟始建于公元 550~577 年，北齐文宣帝高洋于此营建宫苑，凿窟建寺。后来，隋、唐、宋、元、明、清代均有增筑和修筑。如南响堂石窟“千佛洞”就是明代增建的，造有石像 1028 尊，颇为壮观。窟顶中央是莲花图，四周配以歌舞飞天，使人神驰遐想，宛若置身仙境。

太行八陉
滏口陉（黎城第四陉）
2019.6.3

滏口古道玉皇阁

作为滏口关的玉皇阁就坐落于滏口陉古道上，曾经的杀声震天早已销声匿迹，战场的硝烟如今也已散尽。其作为太行八陉中仅存的关隘建筑，犹如一位谦谦君子掩映在苍松翠柏之中，向游人诉说着岁月风雨。奔涌的滏阳河像一条承载着历史记忆的飘带，从其身边穿流而过。西北面紧挨着佛音悠扬的南响堂寺石窟，东边就是泉水翻滚的晋祠奶奶庙。由于滏口关隘作为战略要地，地理位置特殊，文物遗迹众多，浓缩了厚重的历史文化积淀，并在当地村民中流传着许多优美动听的神话传说，如朱元璋夜宿玉皇阁等等。

滏口古道玉皇阁
2019.6.10
第四陉
滏口陉

长平关隘口

在今长子县南部18公里的长子、高平交界处，又名丹朱岭、江猪岭、长平北山。据传尧之长子丹朱葬于此。山势崇峻，丹河南流，古长城随岭蜿蜒起伏，是通往高平、晋城以至河南，北去长治、太原的交通要道。隋代置关。1938年4月，八路军在此设卡截击日军，歼敌600余名，是粉碎日军“九路围攻”的最后一战。今有太洛公路、太焦铁路通过。

長平关隘口(長子)
2021.12.21.

羊肠坂

今壶关县50公里处，是太行大峡谷中五子峡至龙泉峡的一条古栈道。东起盘底，西至东柏坡，全长约10公里。沿线盘旋弯曲，宛若羊肠，故得名“羊肠坂”。羊坂古道，历来以奇险闻名，原道或岭、或崖、或堑，其线路曲折蜿蜒，宽处可过马车，窄处只能单人行走，崖间必抓藤攀岩，河谷须挽臂共渡。而今羊肠坂附近还有“曹公垒”、“兵营”、“兵灶”、“饮马坑”、“藏兵洞”、“东仓”、“西库”等曹军驻兵宿营的遗迹。

羊肠坂（壶关）

羊肠坂七十二拐

古人说的羊肠坂就在双底村，村子在两山下。两山中间有条道，九曲十八弯，犹如羊肠（吃草的动物肠子都长，羊的肠子就又细又长），从山底盘到山顶，当地叫七十二拐，非常奇险。

七十二拐，是通往双底村的“之”字形盘山道路。全程约 1.5 公里，相对高度达到 400 多米。拐来拐去，陡坡变为坦途，令人身临其境叹为观止。

羊肠坂七十二拐（壶关）

大河关（佛寿塔）

故址在今壶关县东南桥上乡大河村，为壶关之东口，又名穴陉岭、大河口、崞口，因郊沟河与浙河在此合流而得名大河。古为通河南林县要道，清驻防把总。今存“大河关”门洞，为拱形砖石券。古人云：拿下大河关，直驱中原再无遮挡。历来是兵家必争之地。曹操的《苦寒行》中有写登太行山之艰险。

《苦寒行》 曹操

北上太行山，艰哉何巍巍。羊肠坂诘屈，车轮为之摧。
树木何萧瑟，北风声正悲。熊罴对我蹲，虎豹夹路啼。
溪谷少人民，雪落何霏霏。延颈长叹息，远行多所怀。
我心何怫郁，思欲一东归。水深桥梁绝，中路正徘徊。
迷惑失故路，薄暮无宿栖。行行日已远，人马同时饥。
担囊行取薪，斧冰持作糜。悲彼东山诗，悠悠使我哀。

佛寿塔(壶关县)
2021.5.17

玉峡关

故址在今平顺县东南40公里玉峡关村东南，又称风门口。两山峭立，形若玉峡，为晋豫两省重要通道，明置关。这里群山叠嶂，尖峰屏立，在风门垴下，明改为玉峡关，有一夫挺身，万骑空屯之势。明嘉靖初年，山西潞州青羊里（今平顺县）以陈卿为首的农民起义历时7年，波及晋豫两省，使“全晋之地震恐，皇帝震怒”，是山西历史上规模较大的一次农民起义。嘉靖七年（1528），朝廷调集山东、河南、山西三省官兵10万，对青羊山进行大规模全面围剿，起义遂被镇压，陈卿被凌迟处死。之后，兵科给事上夏言善后，奏请朝廷在风门口置玉峡关，并亲写《玉峡关铭》。而今，《玉峡关铭》仍躺在乱石荒草之中。沿石梯古道登上风门口，只见斑斑蹄迹，萋萋衰草，曲曲微径，块块石刻，记述着历史沧桑和古道之艰难。

玉峡关北有金灯石窟、南天门、东有桃花洞，已形成一处旅游胜地。

玉峡关(平顺

虹梯关

故址在今平顺县城东约25公里虹梯关村东，又名洪（红）梯子、鲁班门。此地近蚁千砦，千峰壁立，中通峭峡，状如风门而小，下则无底之壑，石噔齿齿，盘回霄汉，望之若霓虹。西晋永嘉年间（307—312）西晋庾衮避乱入鲁班门，由于山高路险，庾衮目眩，坠崖而死。北魏郦道元游此，指其为“庾衮眩坠处”。明王朝于嘉靖年间剿灭陈卿起义军后在此设关，立有《虹梯关铭》碑，现为省级文物保护单位。虹梯关下有虹梯河，形成虹梯河谷。峡谷内有全国重点保护单位明慧大师塔。站在梯后村仰望虹梯关“之”字梯形古道，依稀可见。西行进入碾潭沟，这里是虹梯河谷最为迷人的地方，青山隐隐，溪水悠悠，峰回路转，峡清谷幽令人叹为观止，流连忘返。

虹梯關(平順)
2021.5.7

南　关

故址在今武乡县西北 45 公里南关村，因位于祁县（隆州峪）北关之南而得名，又名南北关。宋时置关。这里北连祁县西达平遥，四面残岩陡峭，山绝路险，涧水潺漫，为“冀南户牖，潞泽咽喉”，是上党进出晋中盆地的孔道，古为西北雄关，历称“南关锁钥”。北宋末金兵南侵，金将粘罕攻太原不下，分兵向南，踏进南关后，仰天惊叹：“关险如此，而使我过之，南朝可谓无人矣。”后人曾有诗叹曰：“一水迴还渡，山多路易穷。危崖顶上压，断岩足边空。高鸟难飞渡，单车辙不通。可怜宋君相，坐失此关雄。”20 世纪 20 年代阎锡山修筑由太原到长治的公路，关隘遂被扩宽。1939 年春，日军侵占上党，先占南关，杀戮人民，拆除关隘，烧毁民房。筑成白晋铁路后，又在此凭险修筑车站，为日军在晋冀豫三省最大的物资转运站之一。八路一二九师主力部队在刘伯承、陈赓、周希汉诸将领的指挥下，破路夺关，三战南关。今有 208 国道通过。

南关（武乡）

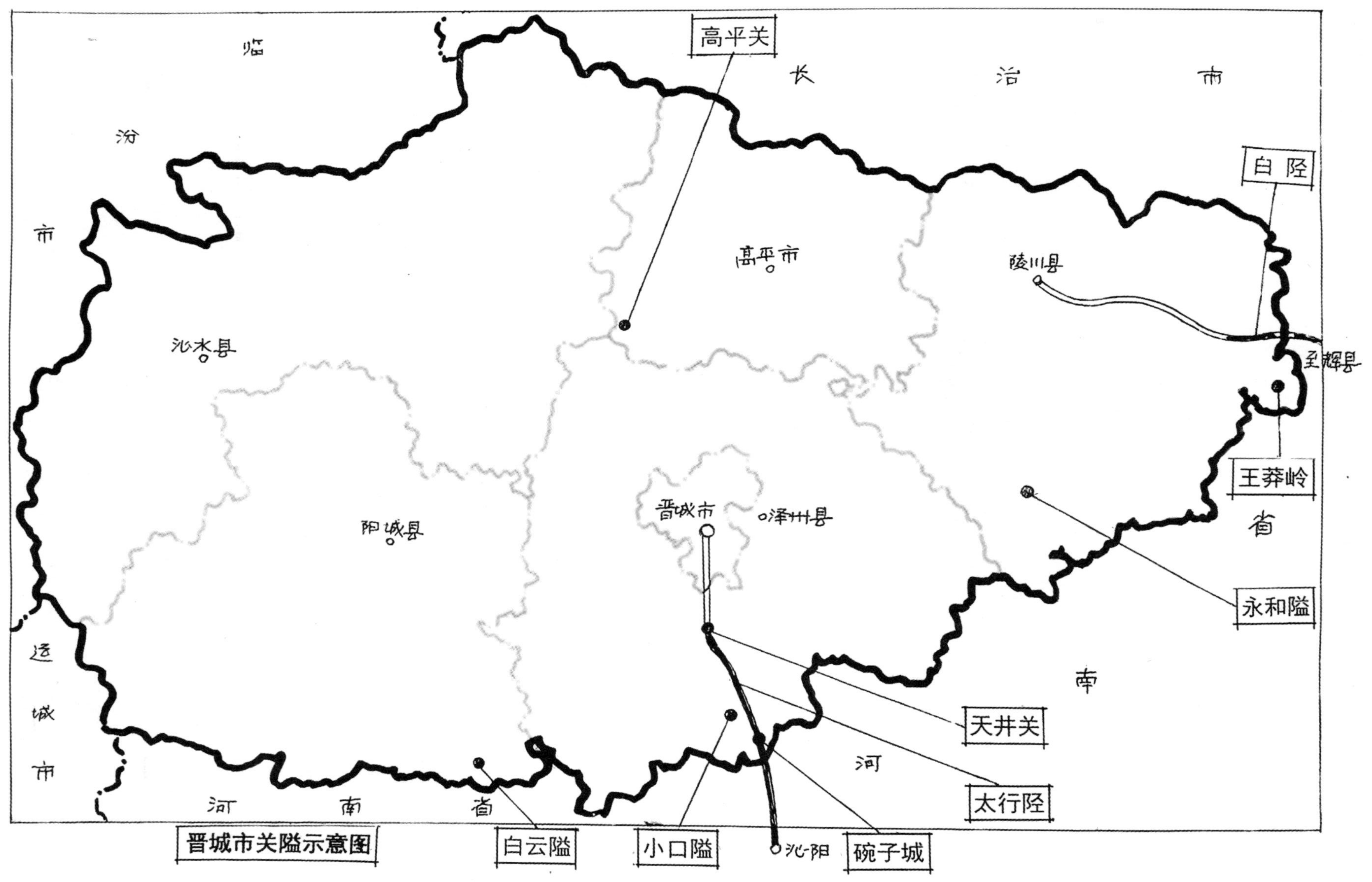
高平关
长治市
临汾市
白陉
高平市
陵川县
至辉县
沁水县
王莽岭
晋城市
泽州县
阳城县
省
永和隘
运城市
南
天井关
河
河南省
太行陉
白云隘
小口隘
沁阳
碗子城

晋城市关隘示意图

太行陉上的
觉山寺
晋城市
2021.10.2

王莽岭

在今陵川县南端，又名天柱关，是陵川与河南辉县之界山，相传王莽追赶刘秀曾到此。山南部千仞峭壁，如一石削成，“千峰攒聚，万壑绝凌”。北部巍岩相迭，青莲秀出，群峰连绵。仰俯之间，怪石嶙峋，浓绿浅翠，流泉飞瀑。为通往河南之险道。今建为王莽岭风景区。

白陉（又名孟门陉，太行八陉第三陉）

白陉即孟门陉，位于河南辉县的太行山南关山，连接山西陵川县马圪当大峡谷，全程百余公里。太行白陉是太行山南麓最深的一条大峡谷，谷深千余米，顺河床蜿蜒。此陉可南渡黄河，攻汴、郑，东向山东菏泽、大名府，北窥安阳、邯郸，是进可攻、退可守的军事要隘。公元前550年齐师伐晋，分兵两路，一路由太行入晋，另一路由孟门入晋。白陉在春秋战国时期便已存在，迄今已有2500多年的历史！它东起河南辉县市薄壁镇的白鹿峰（一说白甸村），故名“白陉”，西侧则辐射今晋城市的高平市与陵川县，凡三百华里许。在漫长历史中，白陉一直是贯通晋豫及江南诸省的一条咽喉要道。

太行八陉
第三陉 白陉
古道变新路
2019.5.28

太行陉（太行八陉第二陉）

太行道南起河南省沁阳市山王庄马鞍山，北至晋城泽州县。崇山峻岭间，孔道如丝，蜿蜒盘绕，“北达京师，南通河洛”，是我国古代一条军事、商贸和文化交流的大动脉。据史书记载，太行陉起于今晋城市泽州县天井关，南至河南省沁阳常平村之间的太行道，山路盘绕似羊肠，关隘林立若星辰，地理位置十分重要。特别是天井关更是天下名关。古人称“形胜名天下，危关压太行”。太行陉一带的关隘共包括羊肠坂、盘石长城、碗子城、古长城、孟良寨、焦赞营、大口、小口、关爷岭、拦车村、天井关等多处要塞。星轺驿和天井关有着密切的联系，并与古道共存亡。星轺驿以南的横望隘、小口隘、碗子城，则是天井关所辖的重要关隘，从春秋战国到明清时期，这里干戈迭起，硝烟不散，为历朝历代的兵家必争之地。

太行陉古道

太行陉古道全长100多公里，最险要处是沁阳常平村到天井关这一段。在这40华里中，太行陉由沁河平原托举上升到相对高度1500多米的太行之巅，所经之处，崇山峻岭，瀑流湍急，实为险隘。废弃多年的羊肠坂上，行走其上，才真正明白了“羊肠坂”的含义：危崖高耸，沟壑深涧，路形崎岖弯折，路面顽石丛生。

太行陉古道

天井关

故址在今晋城市泽州县南部20余公里的晋庙铺镇天井关村。因关南有三眼深莫难测的井泉得名。汉时置关，又名太行陉（太行八陉第二陉）、太行关、雄定关、平阳关。天井关位居太行山南端要冲。形势雄峻，素称天险，号称“上党第一关”。汉刘歆在《遂初赋》中说：“驰太行之险峻，入天井之高关。”由南下太行，直抵怀、孟，塞虎牢，取洛阳，逐鹿中原，是争雄天下的要陉。自汉代以来，在这里发生的大小战事数十起，天井关因此伤痕累累，战迹斑斑，但仍然雄峙于太行南口，发挥着天设之险的重要作用。在天井关之南，有羊肠坂道，盘纡如羊肠，塞太行之险，壮关门之雄。

天井关（泽州）
2019.5.13.

碗子城

故址在今泽州县晋庙铺镇碗城村南，位于大口东南，又名盘子城。此地群山犬牙相错，险道曲如羊肠，曲折中有平地，仅亩许，唐初在此筑城以控怀庆、泽州，因其城甚小，故名。宋太祖赵匡胤征李筠路经此地，因山石淤塞而受阻，赵匡胤率先下马负数石，群臣六军皆负石而行，即日平为大道。

碗子城（泽州）

高平关

故址在今高平市西南部与沁水县交界的老马岭山腰，是高平西南部的重要门户，又名老马岭。其南为空岭，秦赵长平之战时，白起伪装置粮于此，诱赵军深入，赵括出兵攻寨，中计被围，故曰空仓岭。宋时置关。宋太祖时（961—975），曾派大将高怀德在此驻守，今遗有城围废墟。抗日战争初期，日军东犯，被国民革命军第十七路军击溃。1944年，高平、士敏两县的抗日武装大队，在八路军的配合下，对日军发起突然袭击一举攻克高平关，日军残兵逃往高平城。

高平市西北2.5公里处谷口，又名哭头、杀谷、省冤谷。地势为东、西、南三面环山，形如布袋，此地是长平之战的古战场，为秦军坑杀赵军的主要场地。

2021.12.23

长平之战

长平之战，是秦昭襄王四十七年（前 260）5 月至 10 月秦国率军在赵国的长平（今山西省晋城高平市西北）一带同赵国军队发生的战争。

秦、赵两国因争夺上党，而爆发大规模的战争。从秦国出兵使韩国割让上党到秦国获胜，耗时三年。而长平之战仅仅持续了 5 个月，赵军最终战败，秦国获胜进占长平，此战共斩首坑杀赵军 40 多万。

赵国经此一战元气大伤，加速了秦国统一中国的进程，长平之战是战国历史的最后转折，至此秦国的统一只是时间问题。此战是中国古代军事史上最早、规模最大、最彻底的大型歼灭战。

長平之戰

长平关

长平关是晋城市西北部的重要门户。位于高平市西北部与长子县交界的丹朱岭东麓。东西两侧皆为连山，靠近隘口是一圆形地，扼高平到长子的交通要冲，历为重要关口。抗日战争时期，山西青年抗敌决死队曾在此同来犯日军激战获胜。

长平关在《读史方舆纪要》称：在山西省长子县南 40 里，南去高平市 45 里，亦传秦将白起坑赵卒 40 万处，隋置关。

2020.7.26

小口隘

故址在今泽州晋庙铺镇大口本之西小口村，隋炀帝所开。隋大业三年（607），隋炀帝杨广巡幸榆林郡，还至太原。上太行山，欲过御史张衡宅，乃开直道90里通抵其宅，悦其山泉，留饮三日，是山西省与河南省之间的重要关口。

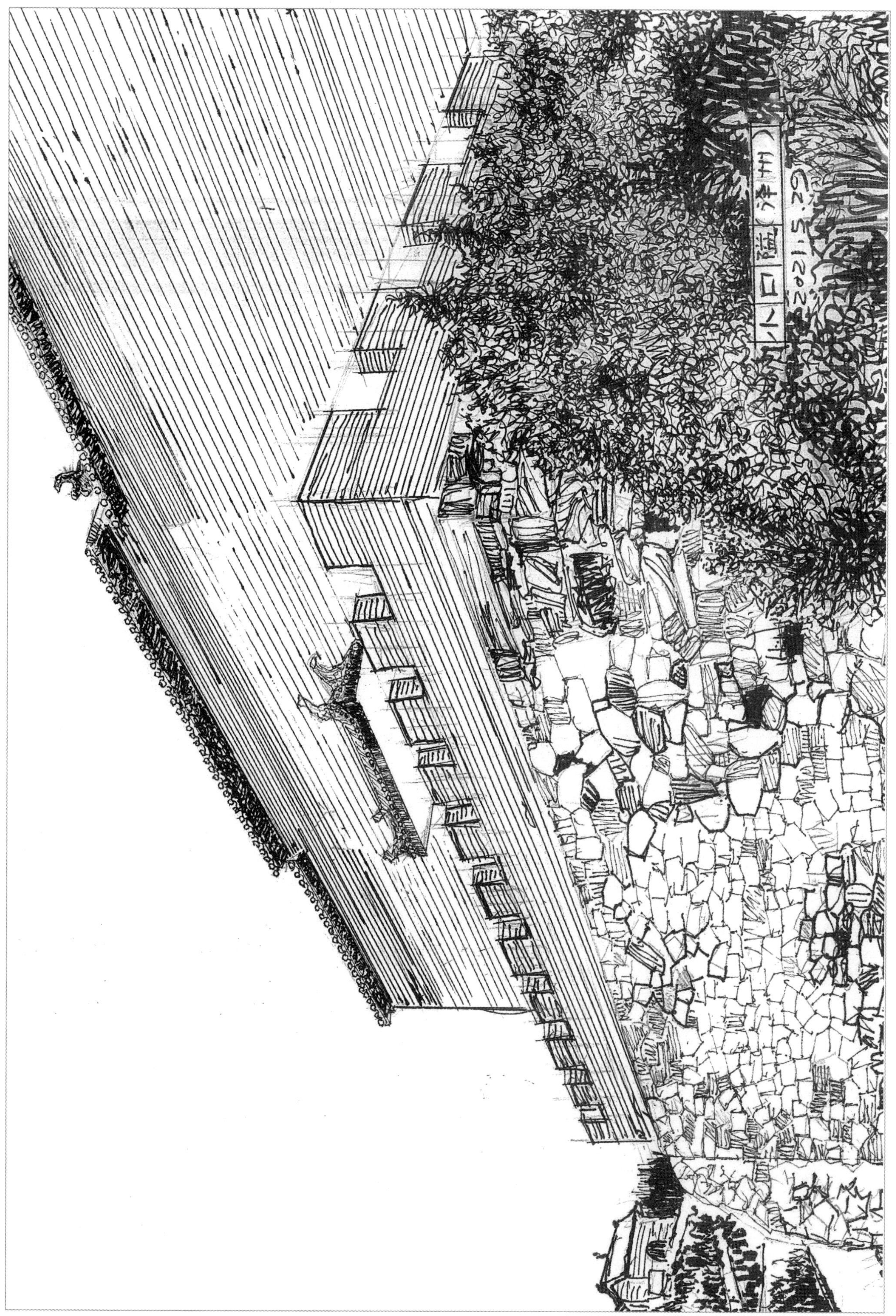
小口随（泽州）

永和隘

故址在今陵川县南 35 公里夺火村，又名石会关、铎鋆。春秋时铎遏父的封邑，路通河南修武县。明时置关，设有巡检司。南逾五度关为瘦驴岭，稍西为望仙楼，稍东为碑子碣，又东为风豁口，并界修武，旁连辉县，为潞府南出之要隘。

2021.5.26.

轵关陉（太行八陉第一陉）

轵，战国的魏城，故址在今河南省济源市东的轵城镇，轵关陉（河南济源一山西侯马）在济源市西11华里处，关当孔道，因曰轵关。形势险峻，自古为用兵出入之地，太行八陉，以此陉为第一陉。轵者，车轴之端也。轵关者，通道仅当一轵（车）之险关也。纵横家苏秦论天下形势时，曾有“秦下轵道则南阳动”的说法，所说的轵道就是轵关陉。另外，舜可能曾生活在轵关陉附近，孟子说“舜生于诸冯，迁于负夏，耕于历山，卒于鸣条”，这些地名与轵关陉有不少渊源。

商代后，历史在这里清晰可辨，在黄河北岸山水秀丽的垣曲小盆地上有古城镇，用夯土修筑的城垣坐落在镇南黄河与毫清河之间陡起的高台地上，俯瞰沿毫清河北上侯马的轵关陉。晋国首都在翼城、曲沃与侯马之间，随年代而多有迁移，最后都城新田平望宫遗址如今仍有遗存。“门神”尉迟恭曾镇守的铁刹关，留有一些残墙和城门土墩。当地人称之为“堡子疙瘩”，它也是轵关陉的终点。

太行八陉
第一陉 轵关陉
2019.5.18

白云隘

故址在今阳城县东南75公里大岭头村南，与河南省济源市交界，又名皂军垛口。北靠孤山，因山峰高与云齐，故名。四周峭崖绝壁，中央一条南北的隘道，道路崎岖，长1000多米。最窄处仅容单人通过。旧为阳城县通往河南济源之要道。清同治七年（1868）创建石城，设兵驻守。

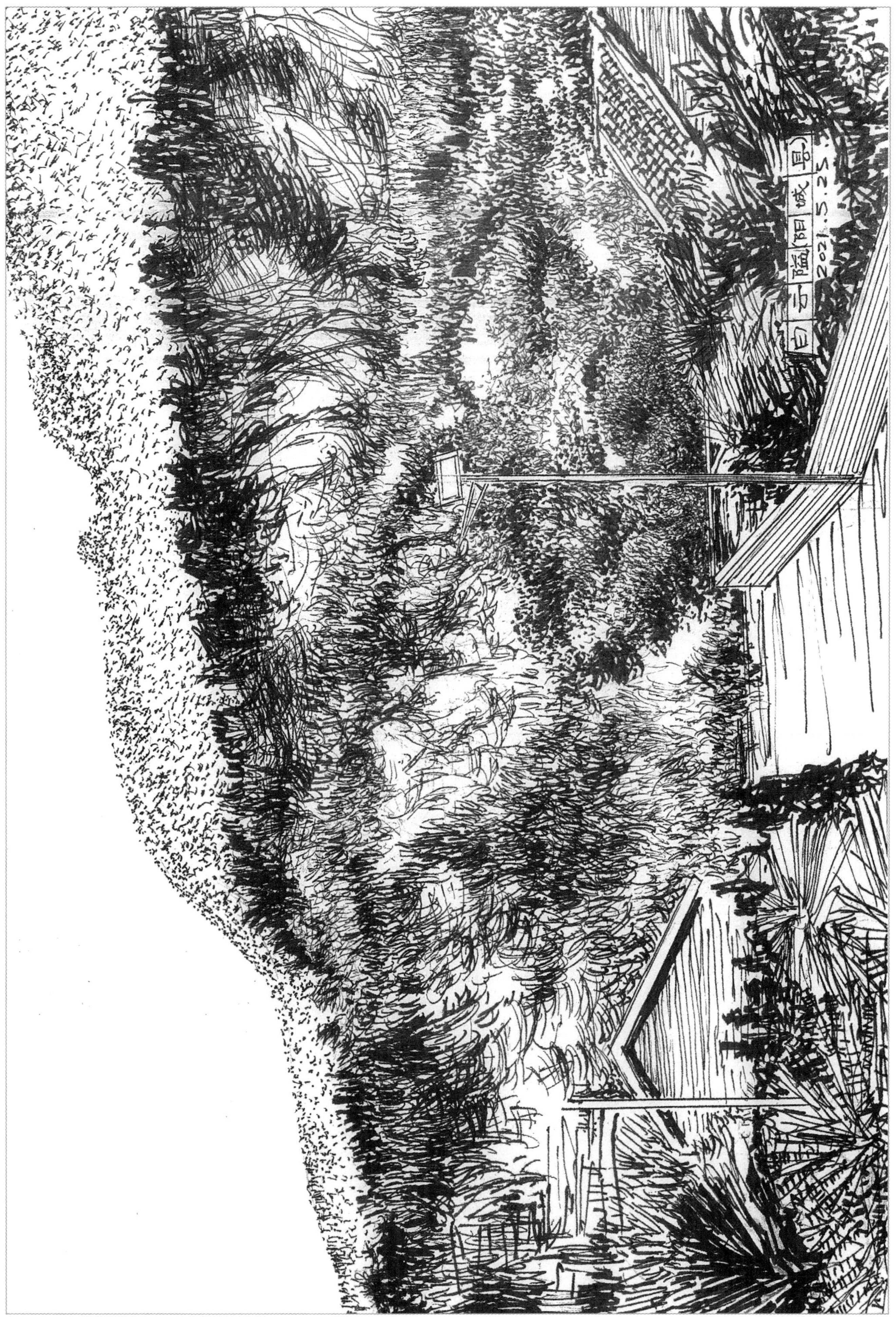
2021.5.25

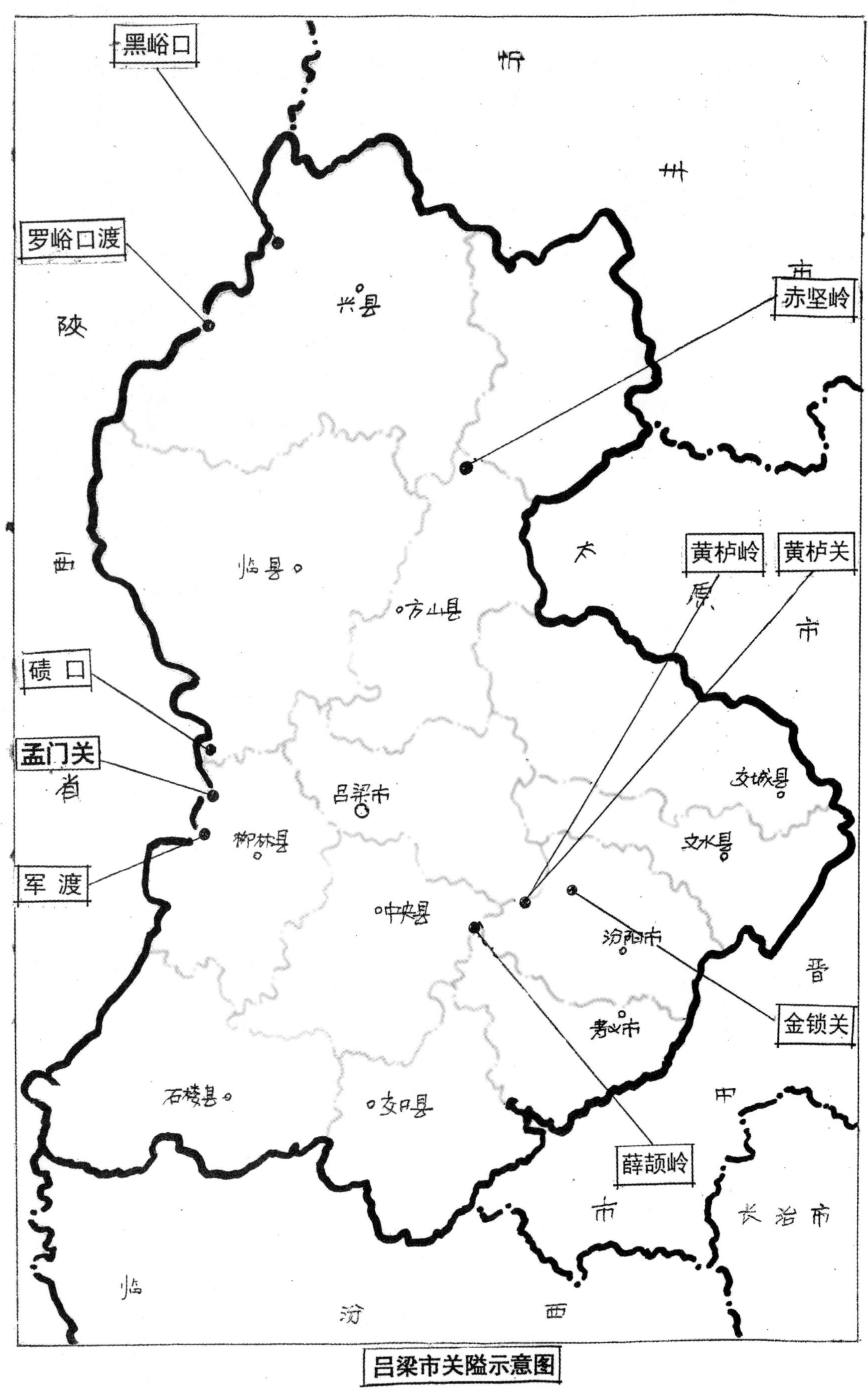
黑峪口
罗峪口渡
赤坚岭
黄栌岭
黄栌关
碛口
孟门关
军渡
金锁关
薛颉岭
兴县
临县
方山县
吕梁市
柳林县
中阳县
交城县
文水县
汾阳市
孝义市
石楼县
交口县
陕
西
省
忻
州
市
太
原
市
晋
中
市
长治市
临
汾
西

吕梁市关隘示意图

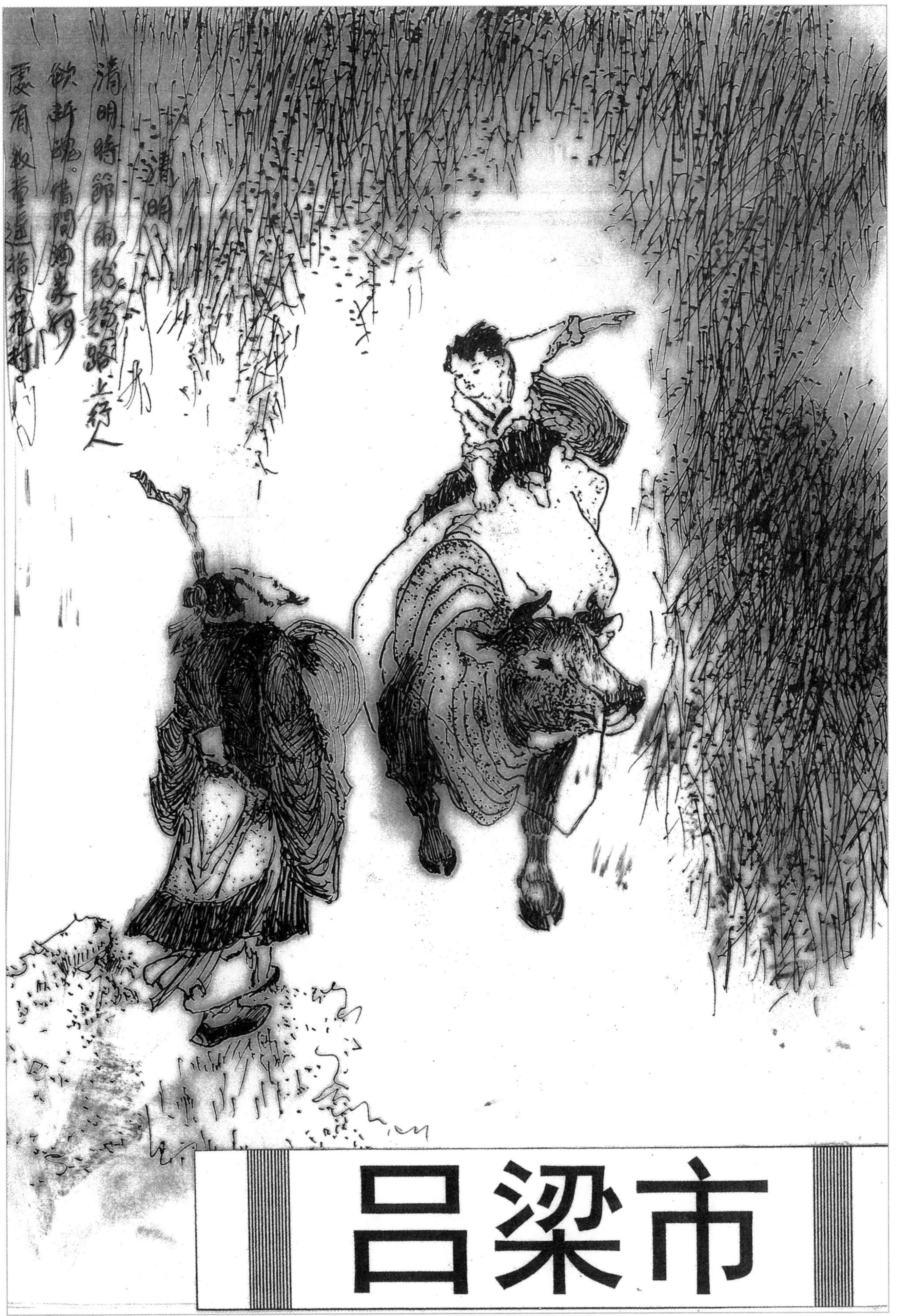
清明
清明時節雨紛紛路上行人
欲斷魂。借問酒家何
處有牧童遥指杏花村。

吕梁市

金锁关

故址在今汾阳市西北 15 公里向阳，又名向阳关、向阳峡，岩险插天，中断如劈，山顶存有练兵场、饮马池、马槽、石屋等古迹。昔为汾、石二州咽喉要道。汉晋皆置关都。元天历元年（1328）九月，泰定帝令“汾阳之向阳关，穿堑垒以为固，调丁壮守”。明初置巡检司。

金锁关（汾阳）

军　渡

故址在今柳林县西21公里军渡村，西临黄河，古为驿铺，故又名军铺，与陕西省吴堡县宋家川隔河相望，素称秦晋通衢。明末李自成率农民起义军兵分三路，从军渡、三交河和碛口渡过黄河进军北京。抗日战争期间，日军多次以重兵侵犯军渡，隔河炮轰吴堡旧城、宋家川，并组织船只，企图强渡黄河，进犯陕甘宁边区，但在八路军河防部队的顽强抗击下均未得逞。

孟门关

故址在今柳林县西北 23 公里孟门镇，隋时置关，元、明设巡检司，因地处孟门城外而得名。据山凭河，形势险峻，被称为山西的西大门。

孟门关（柳林）
2019.3.25.

碛　口

在今临县西南48公里处碛口村，又名大通口、大同碛口。位于卧虎山脚下，为湫水入黄河处，水流湍急、浊浪排空、咆哮如雷、声震十里。清代乾隆年间至民国，为黄河著名的水旱码头、商贸重镇，两街商铺林立，多达200余家。每日里有50余只木船来往于碛口码头，大批的粮油、皮毛、药材等自陕、甘、宁、绥、蒙等运来，棉布、绸缎、茶叶、陶瓷等物品，自太原、汾阳等地由向阳关陆路驮运至碛口，转销于大西北，号称“水旱码头小都会，九曲黄河第一镇”。现老街仍存，周围有西湾、李家山和寨子山民居、黑龙庙、毛主席东渡纪念碑、黄河峡谷天然石雕等，是山西省风景名胜旅游地。

碛口(兴县)
2020.10.18

黄栌关

在今汾阳市西北30公里王家池西，又名黄栌（芦）岭，灌木杂草茂盛，以黄栌草为主而得名。山顶以北齐长城遗址为汾、离两县之界，古为汾阳至离石，临县碛口通向陕、甘、宁要道。北齐天保年间，文宣帝路过黄栌岭，见此地山岭雄峻，地势险要，遂在此筑长城，长400余里，立36戍。明置巡检司，至今黄栌岭峰顶尚存古长城遗址及古战场屯兵寨栅等。

黄栌关(汾阳)

黄栌岭

黄栌岭，位于离石城东50多公里，是古石州（永宁州、离石）、汾州的分水岭。岭上隘口是汾阳通往离石的咽喉要道，既是古官道，也是晋商古道。史料记载，从汉晋直到明清都在此设关戍守。明弘治《黄栌岭碑》云:“黄栌岭，高峻莫及，岩石险阻，其路通宁夏三边，紧接四川之径，凡羁邮传命，商贾往来，舍此路概无他通也”。展现眼前的是悠长的古道和一片荒垒废墟。刻着“永宁州东界”的清嘉庆十一年（1806）的界碑立于古道边。东侧一百余米，明宣德四年（1430年）设巡检司及驿馆已成废墟。东面二百多米远的岭上隘口“黄栌关”关门已溃塌，往昔雄风不再。

黄栌岭(汾阳)

黑峪口

在今兴县25公里黑峪口村。西临黄河，距古县镇白家崖仅3公里，古为合河津之下口，水旱码头，秦晋通道。清《兴县志》载："隆冬惟黑峪口河冰结合，可通行旅。扼麟州之喉，固云、朔之腹，尤为要津。"

薛颉岭

在今孝义市西北，与汾阳、中阳交界处，又名薛公岭、西公岭，是通往离石和陕西的要道。1938 年秋，日本侵略者满载弹药、粮秣和器材的 20 多辆汽车行至这里，遭八路军杨勇团长率领的三四三旅六八六团的袭击，200 多名日军被歼。

薛颉岭涛义
2021.5.30

罗峪口渡

故址在今兴县西南罗峪口村，西临黄河。据光绪《山西通志》所述，罗峪口渡，对神木沙卯头5里，至石灰口10里。

2021.9.4

赤坚岭

在今方山县北，又名赤洪岭，北川河发源于此，是方山北部门户，也是通往岚县的交通要道，为西山中出之隘，明置巡检司。1939 年续范亭、彭绍辉、罗贵波率暂一师、彭八旅、决死四纵队驻于赤坚岭，并在此成立了山西新军临时指挥部，续范亭任总指挥，罗贵波任政委，后编入八路军。

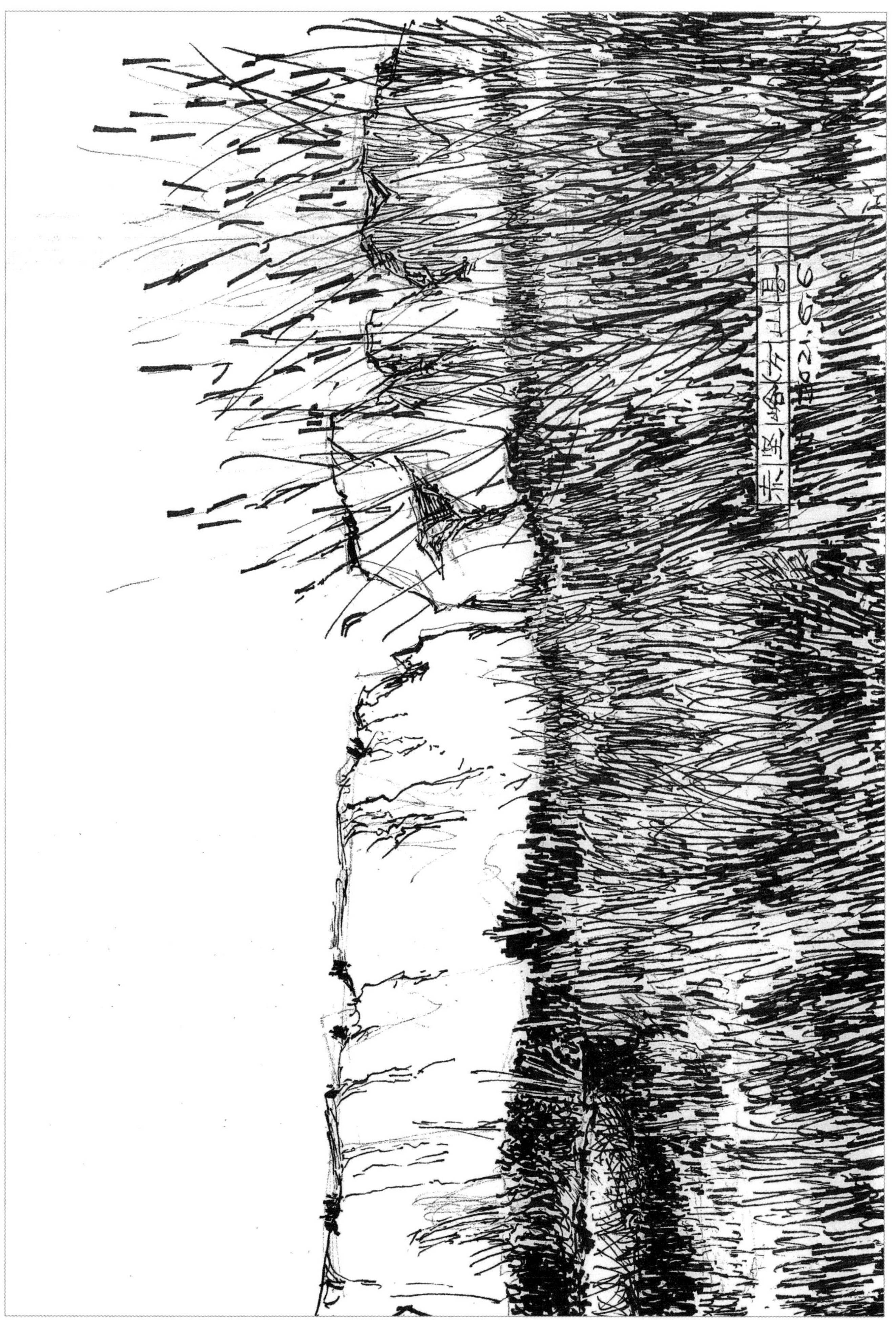

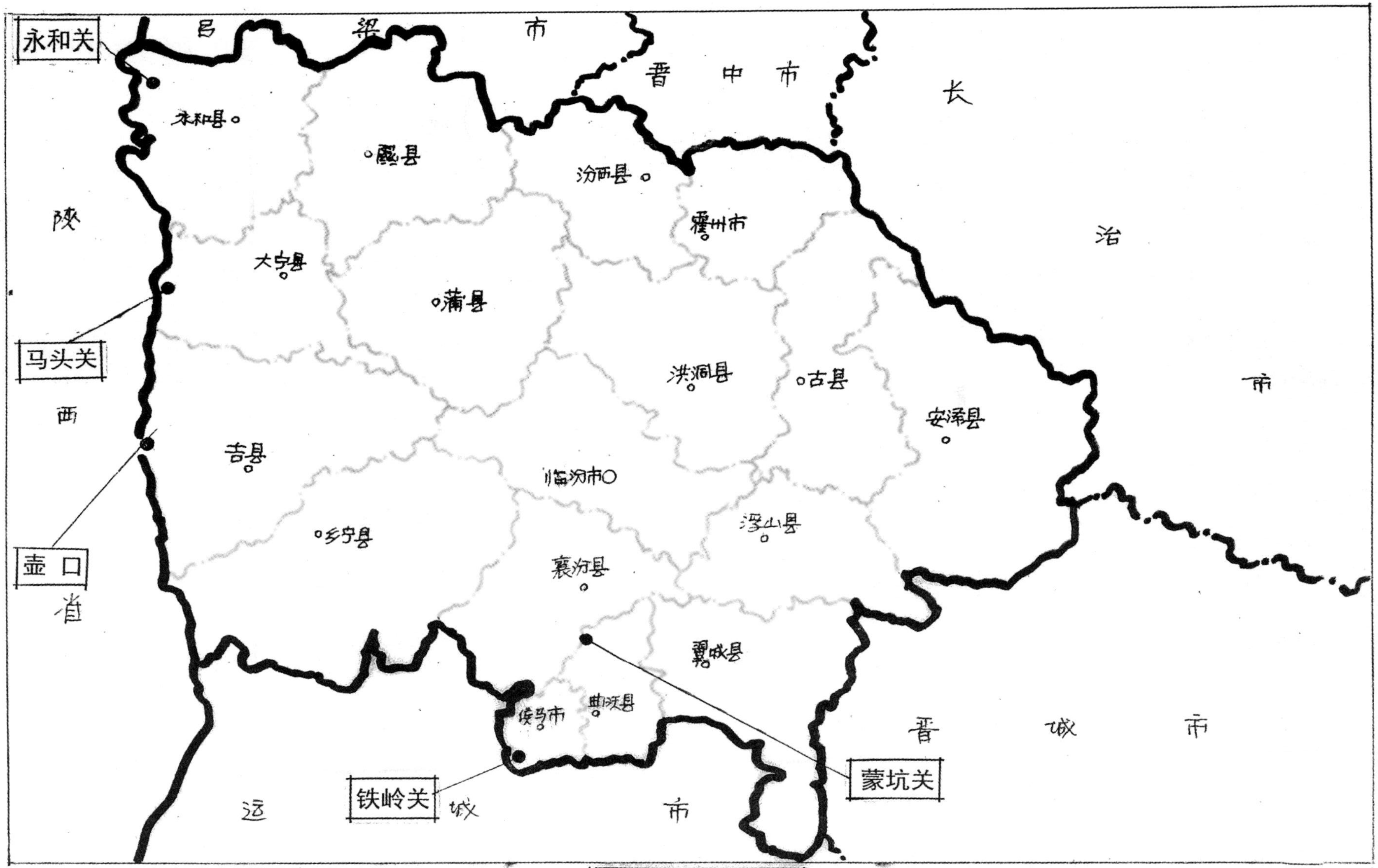

吕 梁 市
晋 中 市
长 治 市
陕 西 省
晋 城 市
运 城 市
永和关
马头关
壶口
铁岭关
蒙坑关
永和县
隰县
汾西县
霍州市
大宁县
蒲县
洪洞县
古县
安泽县
吉县
临汾市
乡宁县
浮山县
襄汾县
翼城县
曲沃县
侯马市

临汾市关隘示意图

临汾市
洪洞大槐树
2021.10.7.

永和关

故址在今永和县西北 30 公里永和关村，西临黄河为古渡口，是西去陕西的交通要塞。隋唐置关。对岸为延川县延水关。现城墙、烽火台、禹王登、守关犬、前城坪、后城坪等遗址保存完好。

蒙坑关

故址在今曲沃县西北22公里蒙城村，与襄汾县交界，西距汾河约1.5公里，沟深径曲，如置井底，晋绛之险也。北魏时置关。北魏后秦“蒙坑之战”就在这里展开。

北魏元兴五年（402），后秦姚平攻陷乾壁、柴壁，北魏道武帝围姚平于柴壁，后秦王姚兴从汾西来援姚平。北魏将军安同献计曰:“臣尝受遣诣绛督租，见汾东有蒙坑，东西三百余里，蹊径不通。姚兴来必从汾西乘高临下，直至柴壁，不如为浮梁，渡汾西筑围以据之。”道武帝拓跋珪从安同计，在蒙坑大败姚兴。

北周建德五年（576）十月，武帝命齐王宪率兵6万还拔晋州宪先遣兵一万夜至晋州，自据蒙坑为其后援。

五代后梁开平三年（909）八月，晋将窦德威攻晋州，以骑扼蒙坑之险，被后梁杨师厚攻破。

五代后周广顺元年（951）十二月，北汉刘闵攻晋州，后周太祖郭威遣王军出绛州迎击。王峻忧北汉兵战据蒙坑，及闻前锋已渡蒙坑，喜曰:“蒙坑，晋绛之险闵不能分兵扼之，使吾过之，可知其必败也。”刘闵见周兵大至，又据蒙坑之险，只好退去。

蒙坑关（曲沃）

马头关

故址在今大宁县西三十公里马头关村，又名马斗渡、马渡关，东临群山，西毗黄河，既是关隘，又为渡口，为大宁县西境扼要。唐置关，明设舟渡。现存古建筑有曹仙媪祠、花娘娘庙、北庙望乡亭等，自然景观有仙来石、朝天洞、悬胆、清心泉，为大宁县旅游胜地。

馬頭關(大宁)
2020.12.3.

壶口（乌仁关）

在今吉县45公里，又名龙王辿。两岸苍山夹峙，黄河至此束狭，河水聚拢，如置壶口，故名。相传尧舜时，黄河因受孟门山堵阻，平阳一带常遭严重水灾。尧派鲧治水未成，禹继父业，采取疏通河道的办法，凿孟门，使黄河直泻而下，收束为一股，势如蛟龙，奔腾呼啸跃入深潭，震声如雷，形成世界上最大的黄色瀑布。春秋时，这里是晋与狄人集聚的分界线，后来又是秦晋两国的分疆处。由于其独特的地理位置，不仅为历代兵家所必争，而且又是"秦晋通衢"。它也是黄河水运中独特的"旱地行船"码头，在战争和商贸中有特殊的地位。金代蒙古大将木华黎攻克吉州，在此设乌仁关。相传明末李自成东渡黄河，至壶口，只见大河滔滔，急浪奔涌，大军受阻，李自成焦虑万分，发须皆白。忽然一夜间壶口龙槽全部结冰，形成冰桥，使李自成顺利渡过黄河，北上京城，夺取了明朝的江山。

2020.10.7.

铁岭关

故址在今侯马市南 8 公里隘口村，又名厄口，取其扼守之意。东倚高山，西临深谷，地势险要，易守难攻。五代后晋置关。五代汉天福十二年（947），汉王刘知远出兵赴雒，有司奏顿厄口镇，帝恶其名，别路至闻喜县。从骑由厄口者，多争道坠绝壑。唐贞观年间曾由尉迟恭镇守。今存残墙和城门土墩，有南同蒲铁路穿关而过。

铁岭关（侯马）

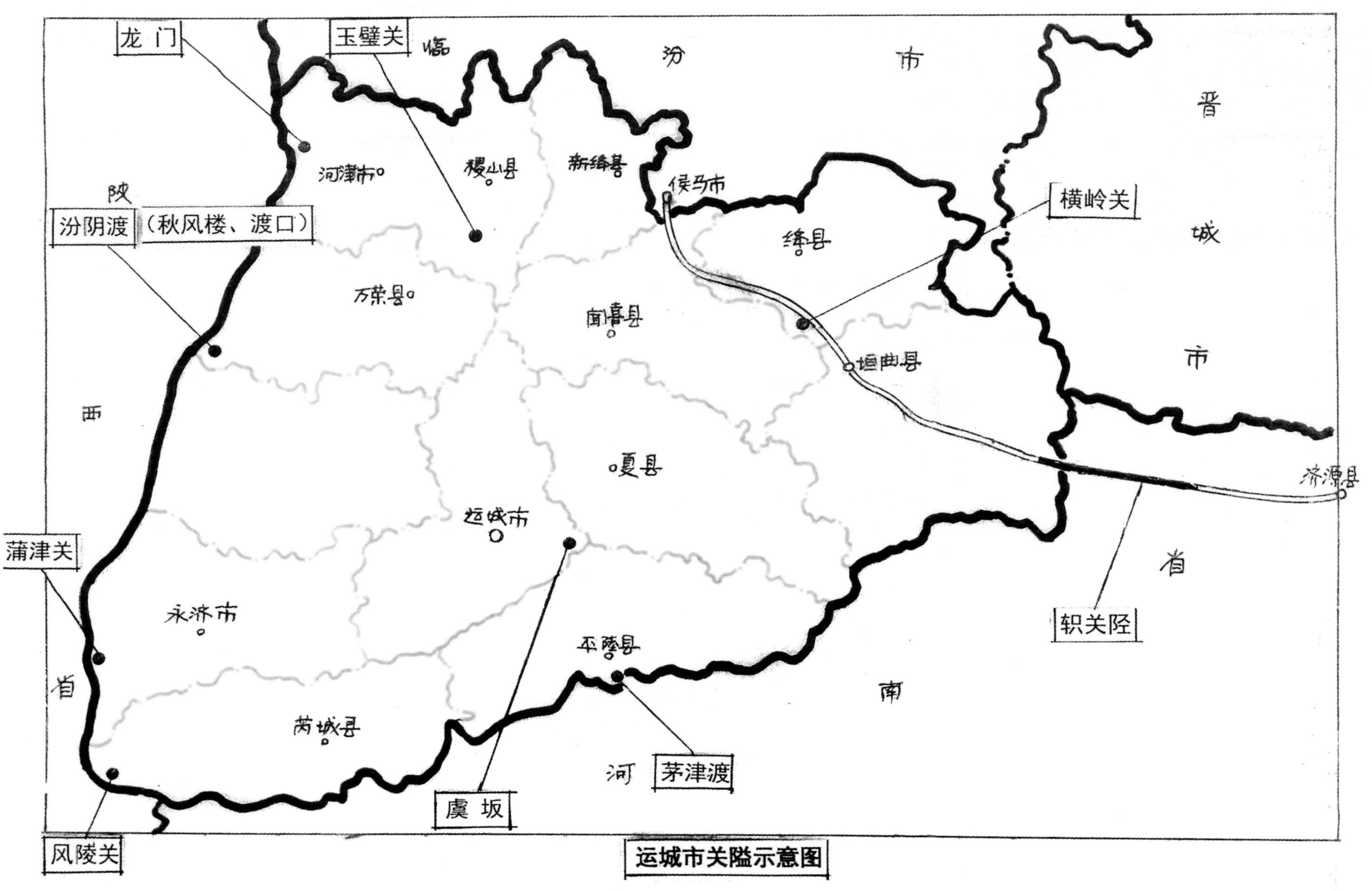
龙门
玉璧关
临汾市
晋城市
陕西省
河南省
河津市
稷山县
新绛县
侯马市
汾阴渡（秋风楼、渡口）
横岭关
绛县
万荣县
闻喜县
垣曲县
夏县
济源县
运城市
蒲津关
永济市
平陆县
轵关陉
芮城县
河
茅津渡
虞坂
风陵关

运城市关隘示意图

运城市
运城市（永济鹳雀楼）
2021.10.9.

汾阴渡

故址在今万荣县西南后土庙前，又名庙前渡，与陕西韩城市芝川镇隔河相望。春秋时的“泛舟之役”，粮船在此由黄河入汾。汉武帝五次巡视河东，立后土祠于汾阴脽上，并写下了著名的《秋风辞》。金设汾阴渡，明废，清康熙年间恢复，称新渡，为秦晋商民往来之官渡，亦是潞盐运销秦地主要渡口之一。1937 年 9 月，朱德率八路军将士由此渡入晋，奔赴抗日前线。庙后有秋风楼，楼内立有元“秋风辞碑”，庙内有金“庙貌碑”。

秋风辞

汉　刘彻

秋风起兮白云飞，草木黄落兮雁南归。
兰有秀兮菊有芳，怀佳人兮不能忘。
泛楼船兮济汾河，横中流兮扬素波。
箫鼓鸣兮发棹歌，欢乐极兮哀情多，
少壮几时兮奈老何！

汾阴渡(庙前渡)
秋风楼(万荣)

汾阴渡渡口

汾阴古渡原位于旧后土祠北，金南阳郡王代祀汾阴所设，以通秦雍往来之便。后南移至原西头村，今北赵引黄一级站北，对陕西韩城县芝川镇。汾阴古渡亦为秦晋商民往来之渡。河东之盐，有相当一部分经秋风楼张仪古道至汾阴古渡，进入三秦大地。1937 年，朱德、邓小平等经此渡口，率部北上太行抗日。

汾阴渡渡口(万荣县)

蒲津关

在今永济市西15公里处蒲州老城西黄河滩上，又名夏阳、蒲坂、河关。唐改成蒲津渡，宋时改名大庆关，战国时魏置，为秦晋交通之要冲，《左传》“秦伯伐晋，济河焚舟”即此。春秋时即有浮桥，最早为竹缆连舟，唐以后改为铁索连舟。唐开元年间，铸八尊铁牛以系铁索，其工程浩大，耗去唐朝当年铁产量的百分之八九十。张说有铭曰：“隔秦称塞，临晋名关。关西之要冲，河东之辐辏。”古代山西的潞盐、铸铁、煤炭都是通过这里运往河西，然后转渭河到长安、咸阳等地。

蒲津关(永济)
2020.10.21

虞 坂

在今运城市盐湖区东郭村南，又名吴坂、盐坂、青石槽。崖势袤曲，左右悬绝，南北皆可守。南经夏县张店镇玲轿村，或达茅津渡，东北逾虞坂山之王峪口、三桥坂可通夏县，为中条山西端之要冲，也是河东潞盐出境的交通要道。《战国策》曰:“昔骐骥驾盐车上于虞坂，迁延负辕而不能进，此盖其困处也。”

虞坂（运城市区）

风陵关

故址在今芮城县西41公里黄河岸边，又名风陵渡、风陵津、风陵堆，也称封陵关。据说风后葬于此。地处山西、河南、陕西三省要津，故有“鸡鸣三省闻”之说。唐圣历元年（698）武则天当政时在此置关，明洪武八年（1375）设风陵渡巡检司，清代相沿。关津对岸即是天下名关之一的潼关。汉建安十六年（211）曹操大败马超，夺取关中，就是从潼关北渡，据风陵堆之险而成的。千百年来，风陵关津是黄河两岸的主要通道。一直到1994年，风陵渡黄河公路大桥建成后，风陵渡才逐渐退出历史舞台。现风陵渡已辟为公园，成为一处旅游胜地。风陵渡的西侯渡村有中国迄今发现最早的旧石器时代文化遗址。

龙　门

在今河津市西北 12 公里黄河东岸峡谷末端，隔河与陕西省韩城市相望，河宽 120 米。龙门是秦晋峡谷的出口，东西两山夹河，悬崖绝壁，相对而立，形状似门，相传为大禹治水所开凿，故又名禹门，是黄河的重要渡口。《尚书·禹贡》说:“导河积石，至于龙门。”河中有石岛横亘，形势极险。相传“春三月，鲤鱼逆流而上”，“江海大鱼集龙门下数千不能上，上则为龙”，所谓鲤鱼跃龙门。龙门三级浪，平地一声雷，西魏时（一说为唐）据险设关，名龙门关。历史上多次战役在此发生，唐武德二年（618），刘武周逼近绛州，攻陷龙门，李世民奉命去讨伐刘武周，从龙门踏着坚冰过黄河，把刘武周的军队歼灭在这里。

龙门作为黄河运输的重要码头，繁盛时停泊木船百只以上，日行船计 100 多次。清时，韩城的煤运往西安等地，主要经龙门渡口，“船子一出渚北，率相庆贺，每数百艘连宅上下，由韩而南，自河达渭”。1950 年，宽 2 米，长 120 米的禹门钢丝桥建成后，渡口弃用。1956 年山西沿黄河东岸修筑纤道，组织船只运输煤炭，渡口复盛。1990 年后，渡口年吞吐量达 1.2 万吨左右。

龙门（河津）
2020.9.25.

横岭关

故址在今绛县西南25公里横岭关村，又名横岭背，明置关。横岭在横岭山中，为绛县去垣曲、河南济源市的要关，是轵关陉的北口，是军事必争之地，“险峻异常，最易守卫”。其北为冷口峪，东南为风山口，关下有转山，皆中条山要隘。

2020.9.10.

玉璧关

故址在今稷山县西南6公里白家庄附近，又名玉璧城、玉璧渡。西魏王思政筑，城周回八里，四面并临深谷，孤危险要。南北朝时著名的玉璧之战就发生在这里，东魏高欢两次率军攻击均遭惨败，导致高欢忧愤而死，使国力、军力都处于劣势的西魏（北周）从此在战略上具有优势，进而影响到后来隋的统一。今天遗址尚存。

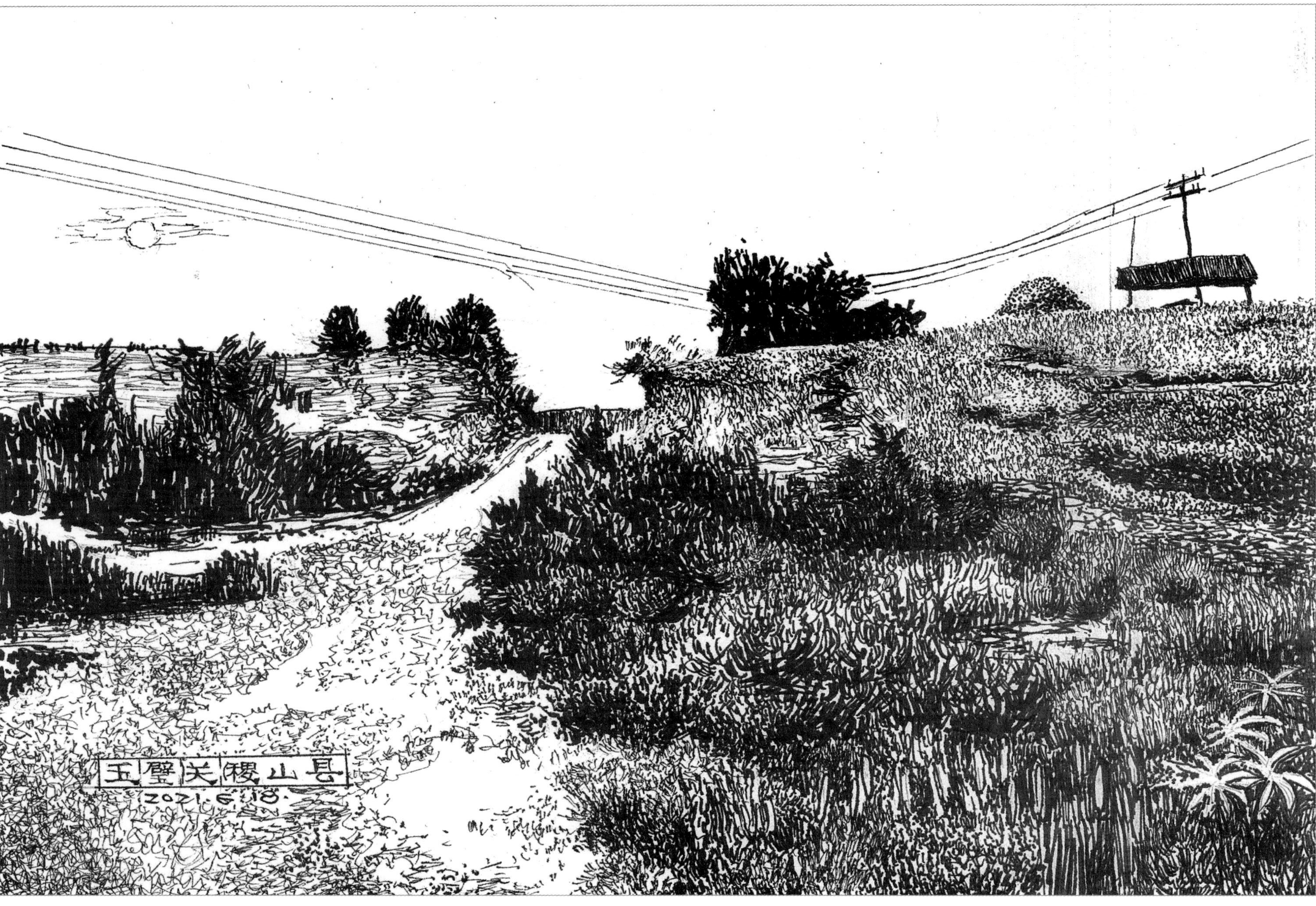
玉壁关稷山县
2021.6.18.

茅津渡

故址在今平陆县南 4 公里黄河岸边茅津村，又名茅亭、茅城、沙涧渡，与河南省三门峡市隔河相望，自古为晋豫两省水上交通要津、运盐孔道，亦为兵家所必争。周襄王二十五年（前 627）秦穆公派兵攻打郑国，威胁晋国，晋出兵从茅津渡过河，败秦军于崤山（今三门峡市东）。明设巡检司稽查盐运，清设外委分驻。抗日战争期间，被日寇烧毁。1948 年陈赓率大军由此渡河南下。

茅津渡（平陆县）
2021.2.2

禹门口

禹门口，在山西省河津市西北的黄河峡谷中，为黄河晋陕峡谷的南端出口。这里两岸峭壁夹峙，形如门阙，水势汹汹，声震山野，汉代的七祠八庙之首大禹庙位于此，三桥并列横跨黄河，如三道凌空彩虹，增添了龙门的不凡气势。侯禹高速桥贯穿而过，成为一座连接山西陕西的宏伟大桥。

禹门口河津县
2021.6.22.